本书受中国科学院发展规划局"重要学科领域发展态势研究与决策支撑"项目资助

MAPPING SCIENCE STRUCTURE
科学结构图谱
2022

王小梅 李国鹏 陈 挺 ○著

科学出版社
北京

内 容 简 介

科学结构图谱以直观形象的图谱形式展现高度抽象的科学研究的宏观结构，揭示科学热点前沿间的关联关系与发展进程。研究组每两年运用文献计量学的理论和方法绘制科学结构图谱，周期性地揭示科学研究结构及其演变，监测科学发展趋势。本书是"科学结构图谱"系列的第五部，通过 ESI 高被引论文的同被引聚类分析可视化揭示 2014～2019 年国际社会普遍关注的热点研究领域，描绘几个时期科学研究领域的演化变迁轨迹。基于科学结构图谱，分析新兴的及对技术创新有影响的研究领域，并从国家科学研究的结构上反映中国及代表性国家在不同研究领域的活跃程度及其变化趋势，通过国际合著率描述代表性国家国际合作的总体趋势，通过研究科学基金对 SCI 论文资助情况展现代表性国家政府科学基金在科学结构图谱上的资助分布。

本书适合政府科技管理部门和科研机构的科研管理人员、科技战略研究人员和相关科技领域的研究人员等阅读。

图书在版编目(CIP)数据

科学结构图谱.2022 / 王小梅,李国鹏,陈挺著.—北京：科学出版社，2024.9

ISBN 978-7-03-078007-2

Ⅰ．①科… Ⅱ．①王…②李…③陈… Ⅲ．①科学体系学–研究 Ⅳ．①G304

中国版本图书馆 CIP 数据核字（2024）第032843号

责任编辑：侯俊琳　唐　傲　刘巧巧 / 责任校对：邹慧卿
责任印制：师艳茹 / 封面设计：有道文化

科学出版社 出版
北京东黄城根北街16号
邮政编码：100717
http://www.sciencep.com

北京中科印刷有限公司印刷
科学出版社发行　各地新华书店经销

*

2024年9月第 一 版　开本：787×1092　1/16
2024年9月第一次印刷　印张：10 1/2
字数：204 000
定价：98.00元
（如有印装质量问题，我社负责调换）

研究领域群命名、特征词审核、热点前沿领域演变解读：

天文学与粒子物理学：韩淋

物理学、力学：黄龙光

化学与材料科学：张超星

农业科学、生物科学：袁建霞、周群、刘小强

地球科学：谢秀芳、郝建明

数学：陈亮

计算机、无线通信：陈挺

工程学：孙健、吴界辰

医学：杜建、郭欣、贺旸知歌、王雨辰、王鹏、张雨晴

社会科学、经济与商业：裴瑞敏

快速发展的研究领域演变分析：

人工智能：陈挺

锂/钠电池：张超星

干细胞：袁建霞

  致谢：本书的研究和撰写得到了中国科学院发展规划局的指导和支持。中国科学院科技战略咨询研究院宋敦江利用地理信息系统（Geographic Information System，GIS）软件展示了热力图谱，硕士研究生谢士尧参与了图表绘制、文字整理工作，王海霞帮助邀请判读人员，冷伏海、张秋菊等研究员提出了许多宝贵意见。在此向资助机构、人员及所有参与前几期科学结构图谱判读的专家、提出宝贵意见的专家表示衷心的感谢。

目 录

第一章	引言 …………………………………………………………… 001
第二章	**研究方法与数据** ………………………………………………… 004
	一、利用深度学习模型基于同被引关系确定研究领域 …………… 004
	二、科学结构图谱可视化 ………………………………… 009
	三、科学结构演变轨迹 …………………………………… 009
	四、研究领域特征词抽取 ………………………………… 010
	五、研究领域学科交叉性度量 …………………………… 011
	六、数据说明 ……………………………………………… 012
第三章	**科学结构及其演变** ……………………………………………… 015
	一、科学结构图谱 2014 ~ 2019 …………………………… 015
	二、基于科学结构图谱观察科学研究的发展趋势 ………… 022
	三、快速发展的研究领域演变分析 ……………………… 029
第四章	**研究领域的学科交叉性、新颖性以及对技术创新的影响** ……… 048
	一、研究领域的学科交叉性 ……………………………… 049
	二、新兴热点研究领域 …………………………………… 052
	三、对技术创新有影响的研究领域 ……………………… 055

i

第五章 中国及其他代表性国家科学研究活跃度 ······ 059

一、中国及代表性国家整体科研活跃度时序发展 ······ 060
二、基于科学结构图谱观察中国及代表性国家科研活跃度时序发展 ······ 067
三、中国及科技强国在学科交叉研究领域的活跃度 ······ 089
四、中国及科技强国在新兴热点研究领域的活跃度 ······ 092
五、中国及科技强国在对技术创新有影响的研究领域的表现 ······ 094

第六章 中国及代表性国家的国际合作 ······ 098

一、基于科学结构图谱观察世界国际合作 ······ 099
二、中国及代表性国家国际合作时序变化 ······ 103
三、基于科学结构图谱观察中国及代表性国家国际合作的变化 ······ 106

第七章 科学结构图谱上的科学资助情况分析 ······ 127

一、中国及代表性国家政府资助的核心论文在科学结构图谱上的分布 ······ 128
二、重要国家政府资助机构资助核心论文分析 ······ 149

附录 ······ 152

附录1 中国、美国高科研活跃度研究领域 ······ 152
附录2 中国、美国论文份额排名前10学科交叉研究领域 ······ 156
附录3 中国、美国论文份额排名前10新兴热点研究领域 ······ 158

第一章　引　言

科技创新已成为推动经济社会发展的主要力量，新一轮科技革命和产业变革的重大历史机遇期，要求我们始终以全球视野科学研判科技创新发展的趋势，抢占科技发展先机。为揭示科学研究结构及寻找重点研究方向，科学结构发现与可视化分析方法研究组自 2007 年起开展相关研究，每两年绘制一期科学结构图谱，周期性监测科学研究结构及其演变规律，监测科学发展趋势。

通过可视化技术，科学结构图谱以直观形象的图谱形式展现高度抽象的科学研究的宏观结构，揭示科学热点前沿间的关联关系与发展进程。传统的科学知识体系结构及其演化趋势的研究通常是通过检索和分析相关文献以了解学科发展、追踪同行科学研究者的科研活动来掌握学科趋势，通过专家研讨、评议及专门的规划研究进一步判断可能的突破方向。但随着科技创新进入多学科交叉融汇的阶段，面对海量科技文献以及限于固有的专业认知体系，科学研究者有时难以观察到不熟悉但相关的领域，也难以把握它们之间的复杂结构和相互影响，更难以发现隐藏在复杂关系下的致变因素和潜在的发展趋势。因此，文献计量界逐步发展出利用科技信息数据来揭示多维度关系的大问题领域和大时间跨度的科学结构，并将科学结构作为对科学布局、相互作用及演变趋势进行描述和分析的工具。科学结构发现及可视化方法比其他计量方法具有更独特的视角，有助于揭示科学领域间的内在联系及发展规律。

研究组运用文献计量学和机器学习的理论与方法，利用高被引论文之间同被引关系的聚类分析，超越传统的学科分类，直接体现科学研究者相互引证所表征的知识的相互作用及知识的流动、融汇和演变，帮助科学研究者了解隐藏在大规模的复杂关联的数据下的科学研究结构及其变化，努力帮助科学研究者把握大问题尺度和交叉融汇机制下的知识结构、新兴领域及其相互关系，逐步帮助科学研究者揭示演变趋势、预警新兴领域、发掘潜在合作对象、遴选优先领域等，辅助决策者对科学发展的规划。

研究组先后出版了《科学结构地图2009》《科学结构地图2012》《科学结构地图2015》《科学结构图谱2017》四部著作，以及《科学结构图谱2021》报告。鉴于近年来人工智能（AI）与深度学习的快速发展，研究组从2018年起开始算法改进研究，自《科学结构图谱2021》起使用深度学习算法改进原有的网络聚类及可视化算法，支持更大量的数据分析，使聚类结果更加均匀、准确，揭示的科学结构更为细致，并在可视化细节揭示上有较大改进。

本书的科学结构图谱以科睿唯安（Clarivate Analytics）公司的基本科学指标（Essential Science Indicators，ESI）数据库为信息源，提取了2014～2019年11 626个研究前沿中包含的高被引论文，通过再次的同被引聚类分析，得到了1333个研究领域，形成了全球视野的科学结构图谱，可视化地展现了2014～2019年的科学研究宏观结构及其内在关系，揭示了国际社会普遍关注的热点研究领域。为揭示科学结构的演化变迁，研究组运用新方法对科学结构图谱2010～2015进行了重新制作，并通过科学结构图谱2010～2015、科学结构图谱2012～2017和科学结构图谱2014～2019的演化变迁轨迹，分析了各个学科研究领域的演变情况。通过引入生物学第三代多样性计量方法，度量了各个研究领域的学科多样性。本书增加了与专利的关联分析，基于科学结构图谱，分析了对技术创新有影响的研究领域。同时，基于科学结构图谱，从国家科学研究的结构上反映了中国及代表性国家在不同研究领域的活跃程度及其变化趋势，通过国际合著率描述了中国及代表性国家国际合作的总体趋势。通过可视化展现中国及代表性国家政府科学基金在科学结构图谱上的资助分布，对比分析不同国家科学资助或同一国家不同资助机构的资助布局。

本书术语解释

科学结构图谱：或称为科学知识图谱，是一系列描述科学结构的可视化图形，显示了科学知识结构关系与发展进程，反映了科学知识之间的结构、互动、交叉、演化等诸多关系。

高被引论文（highly cited paper）：ESI对过去10年科学引文索引（SCI）论文被引频次进行统计，将22个学科领域中被引频次Top1%的论文遴选为高被引论文。

研究前沿（research front，RF）：ESI以SCI近6年的高被引论文为基础，利用论文之间的同被引关系聚类产生的一系列论文集合。

研究领域（research area，RA）：在研究前沿基础上的再次聚类得到的一系列高被引论文集合。

同被引（co-cited）：一组论文共同被其他论文引用。

核心论文（core paper）：研究领域中的高被引论文。

施引论文（citing paper）：引用核心论文的论文。

平均年（mean year）：一组论文的出版年的平均值。

国家核心论文份额：该国发表的核心论文数占世界核心论文数的比例。

国家施引论文份额：该国引用核心论文的论文数占世界引用核心论文的论文数的比例。

国际合著率：一国有多国著者的论文数占该国总论文数的比例。

国家论文计数方法：本书中论文份额统计国家论文量采用分数计数法，按每篇论文中每个国家或机构的作者占全部作者的比例计数。一篇论文的分数计数之和等于1；国际合著率统计中国家论文采用整体计数法，每篇论文的作者中只要有1名作者属于这个国家或机构，该国或机构的论文数量加1。一篇国际合著论文的整数计数之和通常大于1。

第二章　研究方法与数据

科学结构图谱的主体分析单元是热点研究领域，它通过对高被引论文的同被引关系聚类产生。本期科学结构图谱的构建原理与往期一样，首先对高被引论文的同被引关系进行聚类分析，产生若干"研究领域"；然后根据各个研究领域间的关联关系降维计算其相对位置并可视化布局。研究组从《科学结构图谱2021》开始对聚类和可视化方法进行了改进。

人工智能与深度学习的快速发展，为自然语言处理、网络分析等提供了新的方法与思路。本书使用深度学习算法改进原有科学结构方法中的网络聚类及可视化算法，使聚类结果更加均匀、准确，揭示更细致的科学结构；改进算法支持更大量的数据可视化，在可视化细节揭示效果上也有较大提升。

在聚类和可视化构建了研究领域的布局后，通过文本分析对研究领域中论文的题目和摘要抽取特征词以标识各个研究领域的内容，由科技情报研究人员或专业领域人员审核研究领域命名；结合研究领域布局热力图，由科技情报研究人员审核以确定研究领域群的名称并在图中标识。

一、利用深度学习模型基于同被引关系确定研究领域

同被引指一组论文共同被其他论文引用，当该组论文同时被引用的次数逐渐增加时，它们之间的内在关联就不断加强。同被引关系可以反映在学科分类、发表期刊、作者机构、研究项目等方面，看似毫无关联的论文之间可能存在着某种关系。同被引现象是作者自发的引用行为，反映了科学研究内容和科学研究活动的聚合关系，可以超越传统的学科分类限制，反映科学研究内容的自组织与科学结构。

本书沿用二层同被引聚类法，在研究领域的聚类中使用深度学习模型改进了网络结构特征抽取，并选择了更符合本书数据特征的聚类算法。第一层的聚类结果——研究前沿，取自 ESI 于 2020 年 3 月发布的研究前沿，共 11 626 个，其中包含 52 589 篇高被引论文。施引论文集选自 SCI 和社会科学引文索引（SSCI），论文发表时间范围为 2014～2019 年。通过二次同被引聚类，形成 1333 个研究领域，其中包含 11 188 个研究前沿、50 767 篇高被引论文（核心论文）。改进聚类方法后，尽量不筛除研究前沿中的论文。

科学论文间的引用反映了科学研究的动态交互。同被引是指一组论文同时被其他论文引用，如图 2-1 所示，核心论文 A、B、C 同时被论文 1、2、3 引用。如果核心论文 A、B、C 频繁同被引，可以推测它们拥有相同或相近的研究主题。

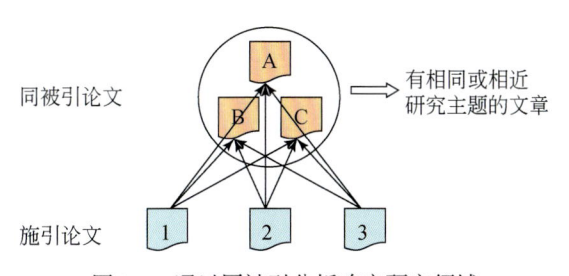

图 2-1　通过同被引分析确定研究领域

使用同被引的方法，计算高被引论文两两之间的同被引关系，并根据同被引关系对高被引论文进行聚类形成若干论文簇，称为"研究前沿"；在此基础上利用同被引关系对上述研究前沿再次聚类得到的若干论文簇，称为"研究领域"。高被引论文、研究前沿及研究领域之间的关系如图 2-2 所示。

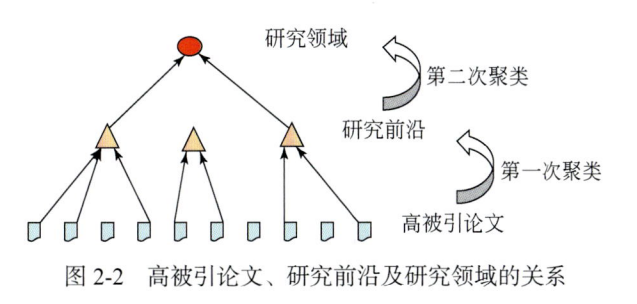

图 2-2　高被引论文、研究前沿及研究领域的关系

原科学结构算法（《科学结构图谱 2017》及以前）采用改进单链接聚类算法对 ESI 研究前沿的同被引关系网络进行聚类形成若干个研究领域，属于基于网络社团划分的聚类法。ESI 研究前沿的同被引网络包含了上万节点与上百万的关联关系，具有十分复杂的隐性高维关系，在进行社团划分聚类与可视化时都有较高的技术难度和较

大的运算代价，因此处理的数据量有一定限制；聚类形成的研究领域内包含的论文数量分布很不均衡，即有的研究领域包含大量的论文，但有的研究领域包含的论文数量却非常少。

科学结构图谱2010～2015使用改进单链接聚类会形成1589个聚类（研究领域），对每个聚类中的论文数量进行统计，分布情况见图2-3。50篇及以上论文的研究领域有136个，占全部研究领域的8.6%，包含17 211篇论文，论文数量占比（研究领域包含的论文数量与研究前沿包含的全部总论文数量之比，以下同）47.2%，接近一半；其他85.3%的研究领域，论文数量小于35篇，只包含了41.8%左右的论文。从分布可以明显看出，聚类形成的研究领域内包含的论文数量很不均匀，少数研究领域包含的论文数量非常多，最多的一个研究领域有685篇论文，多数研究领域被切分得比较细碎。过去因为可视化工具和计算能力的限制，科学结构图谱2010～2015中的研究领域只保留了202个类内包含6个研究前沿以上的聚类，有超过40.0%的高被引论文未被研究领域纳入，从而可能造成前沿研究成果在分析中缺失，这也是本课题组不断尝试新的网络聚类算法的初衷。

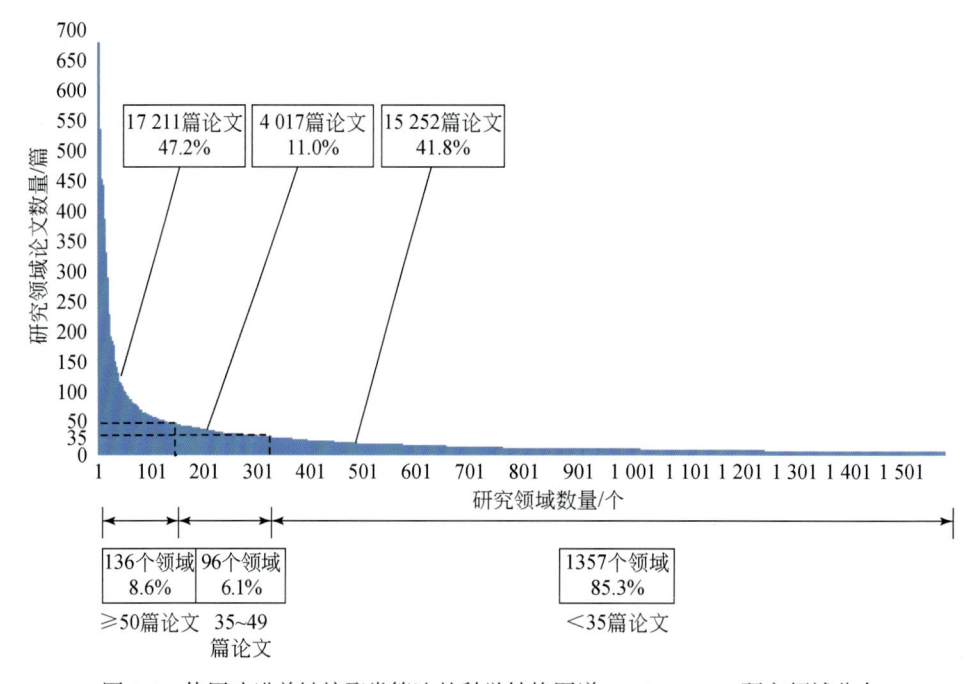

图2-3 使用改进单链接聚类算法的科学结构图谱2010～2015研究领域分布

研究组尝试用科学计量界社团划分聚类的最新研究成果莱顿（Leiden）算法对2010～2015年研究前沿进行聚类，产生的研究领域中的论文数量分布如图2-4所示。研究领域包含的论文数量差异更加明显，最大的一个聚类中包含1248篇论文。50篇及以上论文的研究领域有200个，论文数量占比为70.2%，16.7%的研究领域包含了

70.2% 的论文。少于 35 篇论文的研究领域占全部研究领域的 77.1%，却仅仅包含了 23.1% 的论文。由此可见，无论是改进单链接聚类还是 Leiden 算法都存在聚类簇包含样本数量分布不均匀的问题。

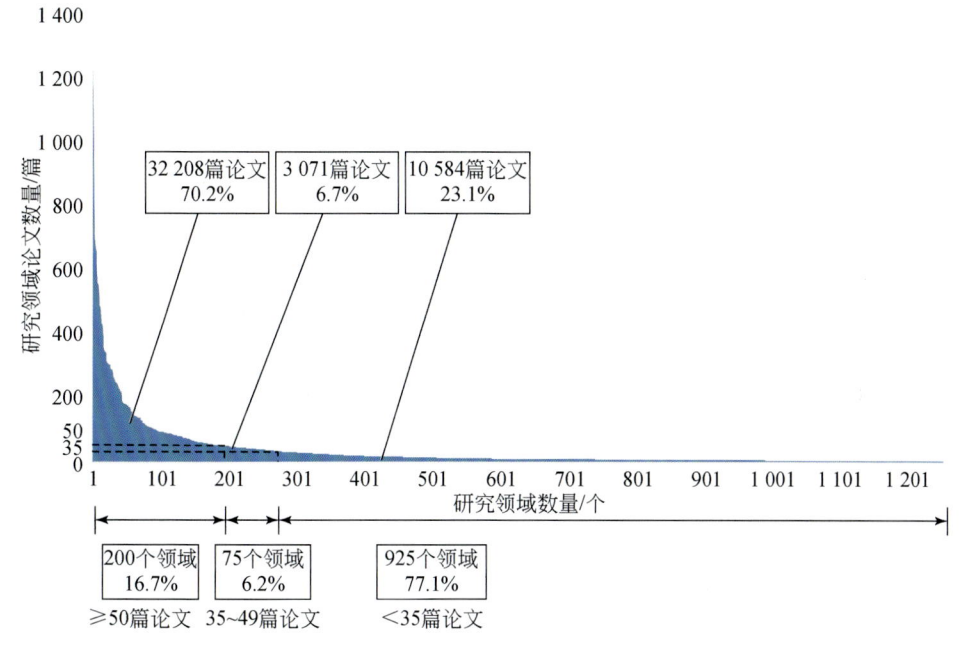

图 2-4　使用 Leiden 算法聚类的科学结构图谱 2010～2015 研究领域分布

为了改善上文提到的聚类问题，进一步提高研究领域聚类的准确性，本书不使用针对网络结构的聚类方法，而采用基于深度学习的网络嵌入模型[①]结合机器学习聚类算法（图 2-5）。首先通过网络嵌入模型发现 ESI 研究前沿的同被引网络中的节点与链接之间的复杂关系，学习每个研究前沿隐含的高维特征，将网络中节点转换成空间特征向量的形式。通过降维分析转换的研究前沿空间特征向量，发现研究前沿在空间中分布很不均匀，存在明显的离群点。鉴于多数聚类算法为硬聚类，离群点会干扰聚类算法的准确性，因此在聚类前，先利用离群点探测模型去掉了 294 个在空间中明显离群的研究前沿，使聚类之间的轮廓更为清晰。最后再通过经典机器学习凝聚层次聚类（agglomerative hierarchical clustering）算法划分研究领域，凝聚层次聚类能更好地适应不同密度与尺度分布下的聚类，在一定程度上避免了"硬切分类"的现象，从而达到比往期更好的聚类效果。

---

① Grover A, Leskovec J. Node2vec: scalable feature learning for networks//Proceedings of the 22nd ACM SIGKDD International Conference on Knowledge Discovery and Data Mining. San Francisco, 2016: 855-864.

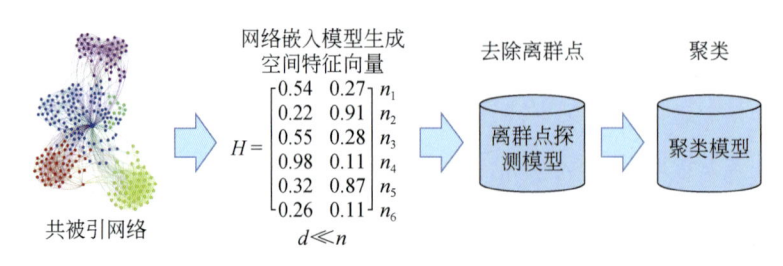

图 2-5　利用深度学习模型划分热点研究领域流程

图 2-6 为使用新方法重新聚类的科学结构图谱 2010～2015 的研究领域中的论文数量的分布。50 篇及以上论文的研究领域有 326 个，占全部研究领域的 30%，论文数量占比 60%，最大的研究领域只包含 264 篇论文；少于 35 篇论文的研究领域占全部研究领域的 55.4%，论文数量占比只有 24%。对比直接使用社团划分聚类，新方法的聚类分布更加均匀、准确，可揭示更为细致的科学结构。

通过人工判读发现，两种网络聚类方法中较多规模大的研究领域明显包含多个不同的研究内容，应该被拆分成几个不同的聚类簇，而某些小类也应该进行合并。新方法聚类的准确性有了明显的提高，规模大的研究领域中研究内容更聚焦，也明显减少了细碎重复的小型研究领域。

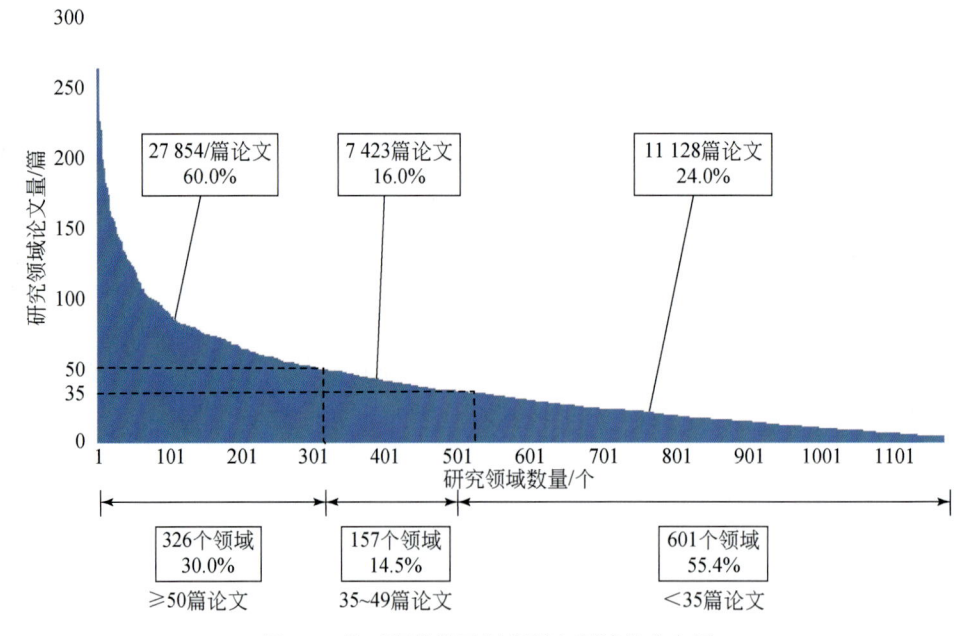

图 2-6　基于深度学习划分研究领域的分布图

注：因四舍五入，研究领域占比加和不等于 100%

二、科学结构图谱可视化

本书采用热力图来展现科学结构中研究领域的布局。热力图使用核密度函数表示每个研究领域在二维空间上的密度分布。热力图如同一幅群岛图，蓝色的海洋区域表示没有论文分布；岛屿上山峰越高颜色越暖，山峰的高度与论文的相对数量和关联度相关，关联度与论文的同被引强度成正比。山峰密度越高，说明越多的科学家共同关注该科学问题，即是一个研究热点。

前几期的科学结构图谱采用重力模型算法通过研究领域之间的相互关系确定各个研究领域在二维空间中的布局位置。原有模型在处理大量数据时布局稳定性较差、局部细节揭示能力较弱。本期采用了高维数据可视化算法中最常用、效果较稳定的流形学习降维算法——t 分布随机邻域嵌入（t-distributed stochastic neighbor embedding，t-SNE）。首先，将研究前沿的同被引关系网络转换成高维特征向量，然后利用 t-SNE 算法映射到二维空间中，获得各个研究前沿的位置布局（坐标）。其次，在获得位置布局后，采用核密度表示研究前沿在二维空间上的密度分布。

相比以前的科学结构图谱，本期可视化方法在保证大样本整体布局稳定的情况下，揭示了更多的局部特征，不仅不同学科研究领域在图谱中有各自清晰的区域，而且在学科领域内部子领域也出现了聚集效果，子领域之间呈现出明显的轮廓[①]。

三、科学结构演变轨迹

研究领域的演变可以归纳为新增、消失、分化、融合、延续五种模式，但是在知识的演变过程中，分化和融合具有相互转化、相互渗透的辩证统一关系，融合往往意味着另一种形式的分化，再精细的分化也总是伴随着不同学科知识的交叉和融合，由此形成了一种演变模式综合交错的演变路径。本书采用图 2-7 所示的演变轨迹流图展现研究领域的演变路径。图中圆圈代表研究领域，为了显示清晰，图中展示了三期科学结构图谱的研究领域演变轨迹，从左到右分别表示"科学结构图谱 2010~2015""科学结构图谱 2012~2017""科学结构图谱 2014~2019"。圆圈的面积与所代表研究领域核心论文数成正比。圆圈右方对该研究领域进行了标识和描述：括号内数字代表研究领域中的核心论文数，括号后面的数字代表研究领域的 ID，冒号后面跟着的是研究领域所属的研究领域群；破折号后面是研究领域的特征词。圆圈之间的连线表示研究领域之间有论文重叠，红色连线代表重叠度在 0.2 及以上，灰色连线代表重叠度在 0.2 以下，线条粗细和重叠度大小成正比。圆圈的颜色根据中国在各

---

① Chen T, Li G P, Deng Q P, Wang X M. Using network embedding to obtain a richer and more stable network layout for a large scale bibliometric network. Journal of Data and Information Science, 2021, 6(1): 154-177.

个研究领域的份额确定，蓝色为 0%、绿色为 (0%，1%)、黄色为 [1%，3%)、橙色为 [3%，7%)、紫色为 [7%，12%)、红色为 [12%，100%]。

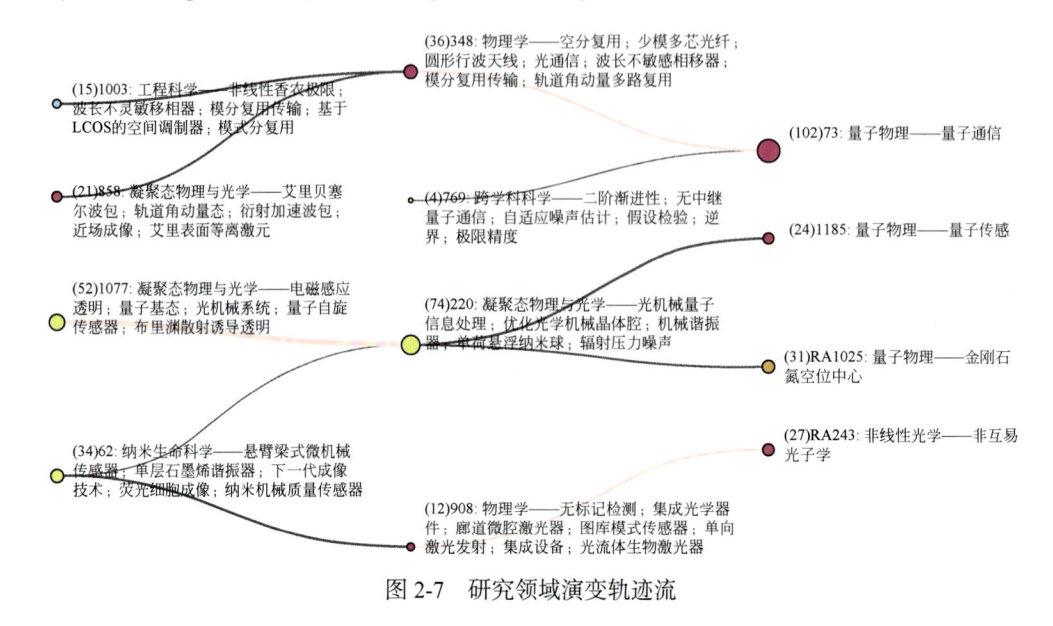

(15)1003: 工程科学——非线性香农极限；波长不灵敏移相器；模分复用传输；基于LCOS的空间调制器；模式分复用

(36)348: 物理学——空分复用；少模多芯光纤；圆形行波天线；光通信；波长不敏感相移器；模分复用传输；轨道角动量多路复用

(102)73: 量子物理——量子通信

(21)858: 凝聚态物理与光学——艾里贝塞尔波包；轨道角动量态；衍射加速波包；近场成像；艾里表面等离激元

(4)769: 跨学科科学——二阶渐进性；无中继量子通信；自适应噪声估计；假设检验；逆界；极限精度

(24)1185: 量子物理——量子传感

(52)1077: 凝聚态物理与光学——电磁感应透明；量子基态；光机械系统；量子自旋传感器；布里渊散射诱导透明

(74)220: 凝聚态物理与光学——光机械量子信息处理；优化光学机械晶体腔；机械谐振器；带电悬浮纳米球；辐射压力噪声

(31)RA1025: 量子物理——金刚石氮空位中心

(27)RA243: 非线性光学——非互易光子学

(34)62: 纳米生命科学——悬臂梁式微机械传感器；单层石墨烯谐振器；下一代成像技术；荧光细胞成像；纳米机械质量传感器

(12)908: 物理学——无标记检测；集成光学器件；廊道微腔激光；图库模式传感器；单向激光发射；集成设备；光流体生物激光器

图 2-7　研究领域演变轨迹流

研究领域的演变关系基于两个时期科学结构共同时间窗内（4年）的重叠度（重叠论文），重叠论文数量越多，表明研究领域之间的继承关系越强。如图 2-8 所示，在公共时间窗口，前一期科学结构图谱中的研究领域 P 有核心论文 N_P，后一期科学结构图谱中的研究领域 Q 有核心论文 N_Q，两个研究领域有共同的核心论文 N_{PQ}，定义两个研究领域的重叠度为

$$N_{CO} = N_{PQ} / \sqrt{N_P N_Q}$$

然后根据不同时期研究领域的重叠度对研究领域进行聚类，聚在一起的研究领域形成若干个演变轨迹流。

前一期科学结构图谱研究领域P　　后一期科学结构图谱研究领域Q

N_P　N_{PQ}　N_Q

图 2-8　研究领域的重叠

四、研究领域特征词抽取

研究领域是由多篇密切关联的高被引论文组成的论文簇。为有效把握科学研究的结构，需要了解研究领域的内容信息。早期研究领域内容分析采用由具有学科背景的

专业人员参考核心论文列表对研究领域进行命名与解读，然后由专家进行审核的方法。由于科学结构图谱反映的是全领域的科学结构，学科广泛，而且部分研究领域的知识涉及面广、研究方向多样，因此针对一个或几个相关的研究领域请一位或若干位该领域的专家进行判读效果比较好。但这种方法耗时较长，也容易因为专家对新兴交叉领域的不熟悉而造成命名误差。

为减少科学结构图谱的时滞性，本书尝试用文本挖掘的手段，从研究领域核心论文的题名和摘要中提取特征词辅助专业人员快速理解。为方便控制提取过程，本书改用合作伙伴北京理工大学知识管理与数据分析实验室的术语抽取工具，主要利用 C-Value 方法进行特征术语的提取。C-Value 方法不需要训练集、语料库等前提条件，是一种独立于领域的、多词语的自动术语抽取方法，而且在嵌套术语的识别上有较高的精度。术语抽取流程如图2-9所示，主要分为四个阶段：①分词及词性标注；②运用"词语搭配"等语言学规则取得可能术语列表；③计算词语的术语度值，取得候选术语列表；④领域专家对候选术语评估并确定术语，存入技术术语库。

图 2-9　术语抽取流程图

本期每个研究领域选择术语度值前10的特征词表征研究领域的研究内容。由于新兴交叉领域的专业词汇来源复杂，在新的领域内词汇的含义可能发生变化，因此对特征词的选取及研究领域的命名，历来具有挑战性。受专业知识所限，目前的研究领域命名可能存在不准确之处。我们将继续完善内容分析的方法与技术手段，更好地支持对研究领域的了解和认识，也欢迎读者提出建议。

五、研究领域学科交叉性度量

学科间的相互交叉和渗透是当今大科学时代的一大特征。

严格来说，每个研究领域很难完全属于单一学科，普遍具有学科多样性。出于延续性和简单实用性的考虑，本书保留了《科学结构地图2009》中对研究领域所属学科的判定规则，即只要有一个学科的核心论文占比大于60%，那么该研究领域就属于该学科；否则，属于交叉学科。在此基础上，受生态学中第三代测度生物多样化的伦斯特和科博尔德（Leinster-Cobbold）指标[①]的启发，本书引入了第三代学科多样性 $^2D^s$ 指

---

① Leinster T, Cobbold C A. Measuring diversity: the importance of species similarity. Ecology, 2012, 93(3): 477-489.

标[①]来测度每个研究领域的学科交叉程度。

Leinster-Cobbold 指标公式如下：

$$^qD^S = \left(\sum_{i=1}^{N} p_i \left(\sum_{j=1}^{N} s_{ij} p_i\right)^{q-1}\right)^{\frac{1}{1-q}}$$

本书参考 $^2D^S$ 指标，选择 $q=2$，计算每个研究领域的学科交叉性：

$$^2D^S = \left(\sum_{i=1}^{N} p_i \left(\sum_{j=1}^{N} s_{ij} p_i\right)\right)^{-1} = \frac{1}{\sum_{i,j=1}^{N} s_{ij} p_i p_j}$$

首先，计算每篇论文的学科交叉性。其中，p_i 是学科类别 i 的占比，通过论文的参考文献计算，i 为参考文献中第 i 个学科，n 为参考文献中总的学科数。$s = (s_{ij})$ 是所有学科领域（基于 ESI 22 个学科）间的同被引关系相似性矩阵。其次，平均研究领域中所有论文的学科交叉性，即为研究领域的学科交叉性。学科领域相似度矩阵由于利用全库数据，变化不大，采用上一期科学结构图谱的计算结果。

六、数据说明

科学结构指研究领域的构成及研究领域间的关系，反映了科学研究的整体结构。科学结构图谱是一系列描述科学结构的可视化图，直观地反映了世界科学研究领域的关联关系以及演化进程。科学结构图谱使用的高被引论文和研究前沿取自科睿唯安公司的 ESI 数据库，其时间跨度是 6 年。引用核心高被引论文的施引论文集合选自 SCI 和 SSCI。本期研究前沿选取 2020 年 3 月公布的 2014 年 1 月至 2019 年 12 月的数据。

本书按照新方法重新制作了 2008～2013 年、2010～2015 年两期的科学结构图谱，表 2-1 显示了四期科学结构图谱中 ESI 研究前沿、高被引论文的数量及选取、覆盖时间。连续两期科学结构图谱的核心论文时间间隔为 2 年，重叠为 4 年。需要说明的是，虽然两个时期科学结构图谱的时间窗有重叠部分，但由于 ESI 数据库中不同时期高被引论文遴选阈值不同，两个时期科学结构图谱在重叠窗口内的高被引论文不完全相同。

[①] Zhang L, Rousseau R, Glänzel W. Diversity of references as an indicator of the interdisciplinarity of journals: taking similarity between subject fields into account. Journal of the Association for Information Science and Technology, 2016, 67(5):1257-1265.

表 2-1 四期科学结构图谱使用数据说明

时期		2008～2013 年	2010～2015 年	2012～2017 年	2014～2019 年
研究前沿层	选取时间	2014 年 7 月	2016 年 3 月	2018 年 3 月	2020 年 3 月
	研究前沿数 / 个	9 150	9 546	10 223	11 626
	高被引论文数 / 篇	43 354	45 657	47 889	52 589

图 2-10 显示了科学结构图谱 2014～2019、2012～2017 的 1 万多个研究前沿在 ESI 的 22 个学科中的分布情况。图中显示，除空间科学下降 6.5%、免疫学微降 0.3%

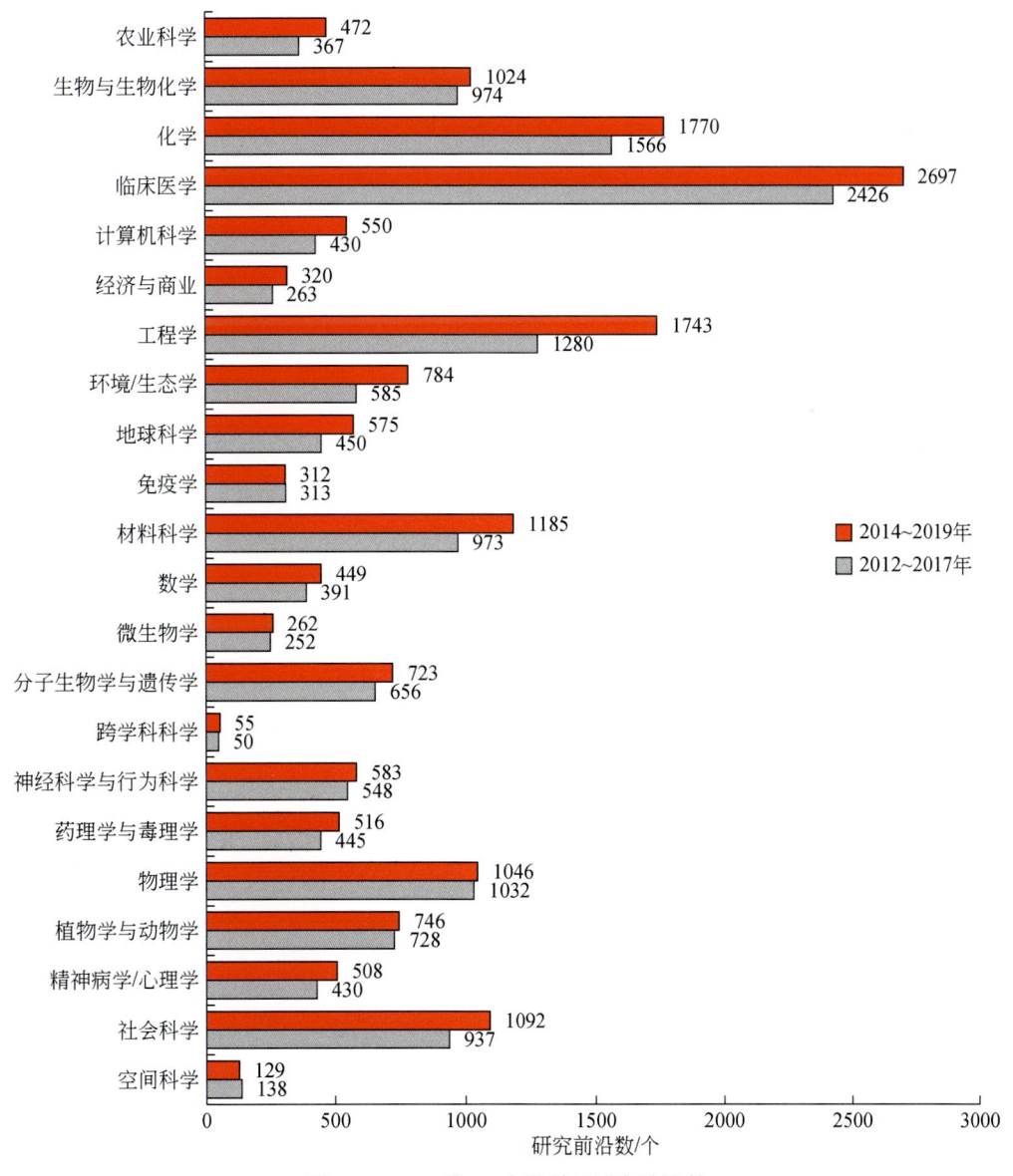

学科	2014~2019年	2012~2017年
农业科学	472	367
生物与生物化学	1024	974
化学	1770	1566
临床医学	2697	2426
计算机科学	550	430
经济与商业	320	263
工程学	1743	1280
环境/生态学	784	585
地球科学	575	450
免疫学	312	313
材料科学	1185	973
数学	449	391
微生物学	262	252
分子生物学与遗传学	723	656
跨学科科学	55	50
神经科学与行为科学	583	548
药理学与毒理学	516	445
物理学	1046	1032
植物学与动物学	746	728
精神病学/心理学	508	430
社会科学	1092	937
空间科学	129	138

图 2-10 ESI 的 22 个学科的研究前沿数

外，其余学科研究前沿数量均出现不同程度的增长。其中，工程学、环境/生态学的研究前沿增长量达到30%以上，农业科学、计算机科学、地球科学的研究前沿增长量也接近30%；物理学、微生物学相关的研究前沿数量变化不大；2014～2019年与生命科学相关的包括生物与生物化学、临床医学、免疫学、微生物学、分子生物学与遗传学、神经科学与行为科学、精神病学/心理学、药理学与毒理学、植物学与动物学在内的9个学科共有5479个研究前沿，占53.59%，比2012～2017年的49.3%有所增长。这反映了SCI数据库的学科结构不够均衡，来源期刊中生物医学类占较大比例。以上SCI和ESI所收录的期刊和学科范围会影响科学结构图谱所反映的世界科学研究的布局。

第三章 科学结构及其演变

本章基于科学结构图谱进行科学结构及其演变的分析。

一、科学结构图谱 2014~2019

本书通过对 ESI 高被引论文的同被引聚类进行分析,算法修改后,科学结构图谱 2014~2019 研究领域数目为 1333 个,包含了研究前沿中 96% 的论文。其中,最大的研究领域包含 378 篇论文(改进前最大的研究领域包含 678 篇论文),最小的研究领域包含 4 篇论文。

我们利用降维算法将各研究领域间的同被引关系转化的高维向量映射在二维空间中,形成研究领域之间的布局,生成科学结构图谱(图 3-1),该图直观地反映了当前科学结构及科学研究活动的情况。图中每一个圆点代表一个研究领域,由一组论文组成,圆的大小与研究领域包含的核心论文数成正比(以下同)。各个圆之间的相对位置也反映出了它们之间的关联程度,距离越近,关联程度越高。图中的颜色对应于核心论文的密度。核心论文密度集中的部分颜色较暖(红),研究热度较高,并且随着核心论文密度的降低,颜色逐渐变冷(蓝)。

本书使用了高被引论文,由聚类生成的研究领域反映了国际社会普遍关注的热点研究领域。科学结构的方法利用了论文间的引用关系,突破了传统的分类体系,体现了科学家科研活动的自组织聚合,对交叉领域的发现具有优势。研究发现,科学结构的分析方法,聚在一起的论文通常是研究解决某一科学问题的,这些研究问

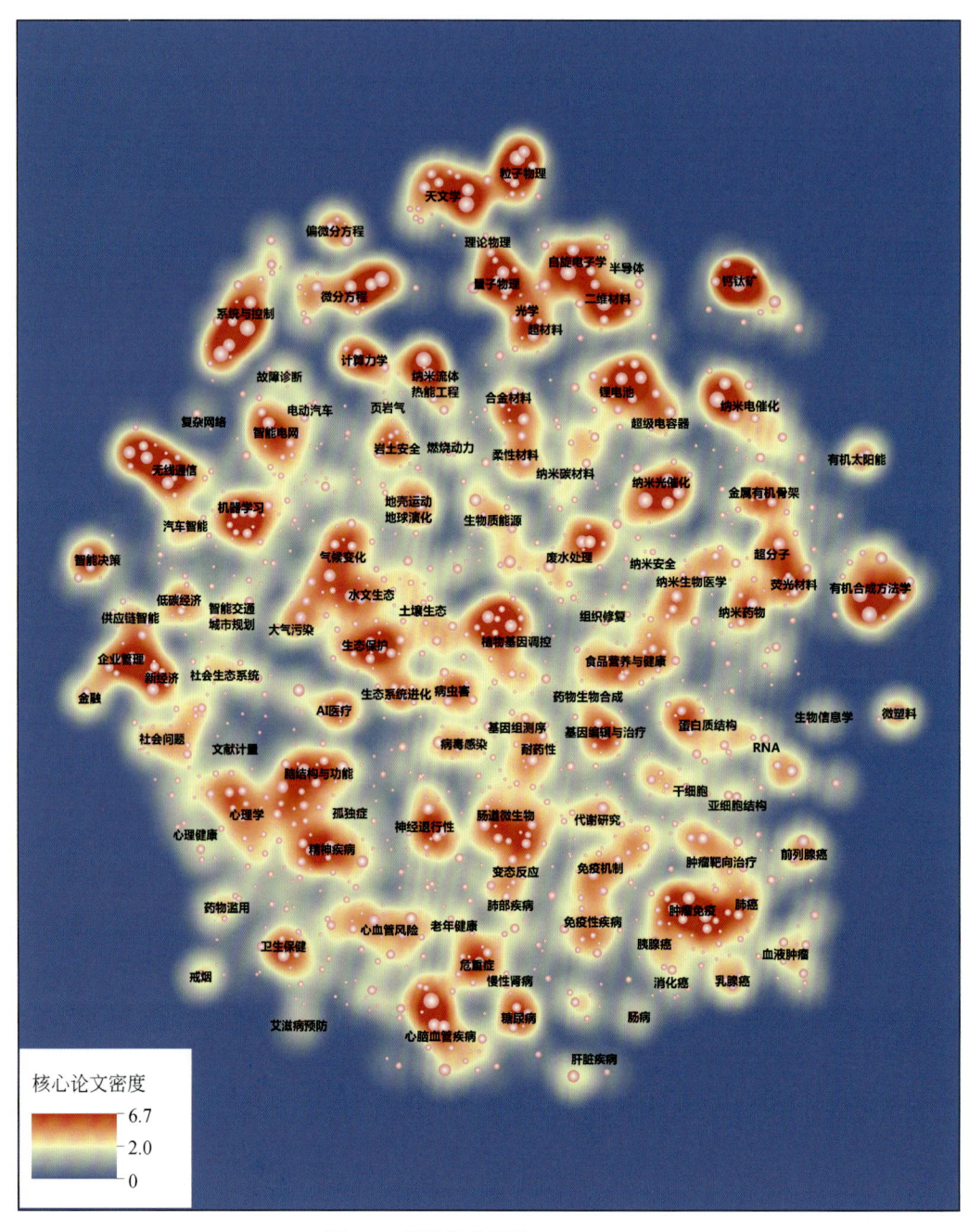

图 3-1　科学结构图谱 2014~2019

注：①每一个圆圈代表一个研究领域，圆的大小与研究领域包含的核心论文数成正比。②研究领域的坐标位置由深度学习模型确定，各个研究领域之间的相对位置反映出它们之间的关联程度，距离越近，关联程度越高。图中上、下、左、右的方位没有实际含义。③图中论文量越大，密度越大，颜色越暖；反之，论文量越小，密度越小，颜色越冷。④图中标识出研究领域群，标识主体研究内容是为了掌握科学结构

题可能会涉及多学科的知识，存在多学科交叉的现象；若干研究领域聚在一起形成一片高密度区域，是因为它们研究解决共同的科学问题或是使用有关联的研究手段和方法。

由于当前科学交叉融合的程度越来越高，学科知识之间的界限越来越模糊，因此研究领域的学科分类成为一个难题。前期的科学结构采用人工判读方式将研究领域进行了学科划分，主体分成物理学、纳米科技、合成与应用化学、地球科学、生物科学、医学六个学科领域，以及其他少量归入数学、工程学、计算机科学、经济学、社会科学、农业科学等学科领域。算法修改后，选入科学结构图谱中的论文增加了近一倍，结构更为细致。通过分析发现，当前学科交叉范围更加广泛，比如某些具体科学问题，既有生物学又有医学等相关研究人员进行研究，难以截然分开，按原来的学科分类不够准确，并且科学结构的方法恰恰是有利于发现科学研究的交叉融合。因此，本书不以传统的学科分类为主，而是尽量从共同研究解决的科学问题的角度进行归类，按照可视化图中的密度区域划分出研究领域群，即按照研究领域之间的相似性或其共享的概念来划分研究领域群。只有当研究范围很大、无法聚焦到比较具体的研究问题时，我们才从研究对象角度进行归类，如使用学科或子学科等对该区域进行命名。同时，由于科学结构中研究领域在传统的学科分类上的论文数量不均衡，不同学科相关的研究领域分类的层级不尽相同。比如，天文学、数学等研究领域相对较少并且聚集在一起；医学由于SCI数据库中相关论文量较大，医学的研究领域数量相应地也较多，因此医学的研究领域群分类比较具体。

在科学结构图谱中，同一学科的研究论文具有一定的集聚性。研究领域间的相对位置基本固定，图谱的上、下、左、右的方位没有实际含义，因此整幅图可以旋转、翻转。为保持科学结构图谱与前期研究的连贯性，我们将科学结构图谱2014~2019中的学科布局通过旋转或翻转后总体上与前期研究保持基本一致。位于图谱顶部的是天文学与粒子物理学，其右下方大部分属于凝聚态物理学与光学，包括"量子物理""自旋电子学""非线性光学""半导体物理""超材料""二维材料和器件"等研究领域群，其中"二维材料和器件"属于纳米科技；物理学的右下方以化学与材料科学为主，且大多属于纳米科技，包括"锂电池""纳米电催化""纳米光催化""纳米碳材料""纳米生物医学""纳米药物"等研究领域群，化学与材料科学部分还有"有机合成方法学""金属有机骨架""超分子自组装""荧光生物医用材料"等研究领域群；植物学与动物学、生物学位于图谱的中心位置，主体包括"植物基因调控""基因编辑与治疗""蛋白质结构""干细胞""RNA""基因组测序""食品营养与健康"等研究领域群；图谱的中心偏左部分是地球科学与生态环境，包括"地壳运动与地球演化""气候变化""大气污染""生态保护""废水处理""生态系统进化"等研究领域群；医学位于生物学的下方，也是整个图谱的下方，包括"肿瘤""心脑血管疾病""精神疾病""神经退行性疾病""免疫性疾病""糖尿病""病毒感染""肠道微生物与健康"等研究领域群；左下角为社会科学与医学结合而成的社会医学，包括"卫生保健服务""艾滋病预防保健"等研究领域群；左偏下为社会科学、经济与商业，包括"数字经济""企业管理""低碳经济""社会生态系统"等研究领域群；数学、计算机科学与工程学位于图谱的左上部，包括"无线通信""机器学习""智能电网""生物质能源""系统与控制""微分方程"等研究领域群，工程学覆盖范围较大，与地球科学、化学等学科都有交叉。

本书以可视化图的等高线密度区分出研究领域群，并通过人工判读，对大部分研究领域群进行了命名。由于空间所限，图中部分研究领域群使用简称进行标识，全称及研究领域群划分见表3-1。需要说明的是：研究领域群的命名是为了方便科学结构图谱的理解，本书对提取的该区域中各个研究领域的主要研究方向或主要研究问题进行标识，以反映当前科学研究主要关注的科研问题，会存在少部分的研究方向没有被反映的现象，并且由于视角不同，不同人员的命名有可能存在差异。本书从较为宏观的角度来分析全科学领域或世界各国在全科学领域的科研表现，如需了解更为细致的科学结构，可以深入研究前沿甚至论文层面进行更为细致的分析。

表 3-1 研究领域群信息

学科	研究领域群名称	研究领域群简称	含研究领域数量/个
天文学与粒子物理学	天文学与天体物理学	天文学	15
天文学与粒子物理学	粒子物理	粒子物理	5
天文学与粒子物理学	理论物理	理论物理	4
凝聚态物理学与光学	量子物理	量子物理	9
凝聚态物理学与光学	二维材料和器件	二维材料	6
凝聚态物理学与光学	半导体物理	半导体	5
凝聚态物理学与光学	自旋电子学	自旋电子学	8
凝聚态物理学与光学	超材料	超材料	11
凝聚态物理学与光学	非线性光学	光学	8
化学与材料科学	钙钛矿材料与器件	钙钛矿	4
化学与材料科学	锂电池	锂电池	11
化学与材料科学	超级电容器	超级电容器	4
化学与材料科学	有机合成方法学	有机合成方法学	16
化学与材料科学	金属有机骨架	金属有机骨架	9
化学与材料科学	超分子自组装	超分子	5

续表

学科	研究领域群名称	研究领域群简称	含研究领域数量 / 个
化学与材料科学	荧光生物医用材料	荧光材料	5
化学与材料科学	纳米电催化	纳米电催化	9
化学与材料科学	纳米光催化	纳米光催化	8
化学与材料科学	纳米碳材料应用	纳米碳材料	8
化学与材料科学	合金材料	合金材料	6
化学与材料科学	柔性材料与器件	柔性材料	6
化学与材料科学	有机太阳能电池	有机太阳能	4
化学与材料科学	纳米安全	纳米安全	5
化学与材料科学	纳米生物医学	纳米生物医学	13
化学与材料科学	纳米药物	纳米药物	8
地球科学与生态环境	地壳运动与地球演化	地壳运动地球演化	11
地球科学与生态环境	气候变化	气候变化	17
地球科学与生态环境	大气污染	大气污染	7
地球科学与生态环境	水文生态	水文生态	6
地球科学与生态环境	生态系统保护	生态保护	15
地球科学与生态环境	土壤生态学	土壤生态	5
地球科学与生态环境	废水处理	废水处理	16
地球科学与生态环境	微塑料	微塑料	3
生物学	生态系统进化	生态系统进化	7
生物学	植物基因调控	植物基因调控	39
生物学	动植物病虫害防治	病虫害	9
生物学	食品营养与健康	食品营养与健康	23
生物学	蛋白质结构	蛋白质结构	10
生物学	RNA	RNA	7
生物学	干细胞功能研究	干细胞	6
生物学	亚细胞结构功能分析	亚细胞结构	2
生物学	生物信息学方法	生物信息学	3
生物学	天然药物生物合成	药物生物合成	4
生物学	基因编辑与治疗	基因编辑与治疗	8
生物学	基因组测序	基因组测序	6

续表

学科	研究领域群名称	研究领域群简称	含研究领域数量/个
医学	抗生素耐药性	耐药性	7
医学	病毒感染	病毒感染	9
医学	心理健康	心理健康	8
医学	心理学	心理学	31
医学	脑结构与功能	脑结构与功能	20
医学	精神疾病	精神疾病	17
医学	孤独症	孤独症	2
医学	神经退行性疾病	神经退行性	12
医学	组织修复型假体	组织修复	6
医学	AI 医疗	AI 医疗	9
医学	肠道微生物与健康	肠道微生物	19
医学	变态反应性疾病	变态反应	3
医学	免疫性疾病	免疫性疾病	7
医学	免疫生物学机制	免疫机制	9
医学	代谢研究	代谢	17
医学	肺部疾病	肺部疾病	5
医学	危重症疾病	危重症	8
医学	心血管风险因素	心血管风险	16
医学	心脑血管疾病	心脑血管疾病	33
医学	肝脏疾病	肝脏疾病	8
医学	前列腺癌	前列腺癌	4
医学	血液肿瘤	血液肿瘤	10
医学	消化系统癌症	消化癌	4
医学	胰腺癌	胰腺癌	8
医学	肿瘤免疫治疗	肿瘤免疫	11
医学	肺癌	肺癌	3
医学	乳腺癌	乳腺癌	3
医学	肿瘤基因突变与靶向治疗	肿瘤靶向治疗	10
医学	肠病	肠病	2
医学	糖尿病	糖尿病	6
医学	慢性肾病	慢性肾病	4
医学	老年健康	老年健康	7

续表

学科	研究领域群名称	研究领域群简称	含研究领域数量 / 个
医学	药物滥用	药物滥用	6
医学	艾滋病预防保健	艾滋病预防	3
医学	卫生保健服务	卫生保健	27
医学	戒烟	戒烟	3
数学、计算机科学与工程学	偏微分方程	偏微分方程	5
数学、计算机科学与工程学	微分方程	微分方程	15
数学、计算机科学与工程学	计算力学	计算力学	6
数学、计算机科学与工程学	复杂网络	复杂网络	2
数学、计算机科学与工程学	系统与控制	系统与控制	17
数学、计算机科学与工程学	故障检测与诊断	故障诊断	4
数学、计算机科学与工程学	智能电网	智能电网	11
数学、计算机科学与工程学	电动汽车	电动汽车	3
数学、计算机科学与工程学	页岩气	页岩气	4
数学、计算机科学与工程学	岩土安全	岩土安全	12
数学、计算机科学与工程学	汽车智能算法	汽车智能	4
数学、计算机科学与工程学	智能决策与应用	智能决策	6
数学、计算机科学与工程学	机器学习	机器学习	19
数学、计算机科学与工程学	无线通信	无线通信	15
数学、计算机科学与工程学	纳米流体与热能工程	纳米流体热能工程	7
数学、计算机科学与工程学	燃烧化学动力学	燃烧动力	4
数学、计算机科学与工程学	生物质能源与生物燃料	生物质能源	14
社会科学、经济与商业	低碳经济	低碳经济	7
社会科学、经济与商业	文献计量与期刊研究	文献计量	2
社会科学、经济与商业	社会生态系统	社会生态系统	11
社会科学、经济与商业	社会问题研究	社会问题	20
社会科学、经济与商业	金融	金融	4
社会科学、经济与商业	新经济模式	新经济	6
社会科学、经济与商业	企业管理	企业管理	7
社会科学、经济与商业	供应链智能管理	供应链智能	9
社会科学、经济与商业	智能交通与城市规划	智能交通/城市规划	5

注：表中统计了归入研究领域群的研究领域，有一些未进入高密度区域的研究领域未计入

研究领域的位置表征了与周围其他研究领域之间的关联程度，由于部分研究领域与其他研究领域的关联关系较弱，未包括在科学结构图谱中的研究领域群中，即某个研究领域是否进入研究领域群取决于其是否存在与该研究领域群中其他研究领域有共

享概念。因此，未纳入研究领域群的研究领域并不是不重要，也许是新热点研究领域或学科交叉研究领域。为了解研究领域的内容，本期对1333个研究领域提取了特征词，并请领域专家对各研究领域进行了命名。

二、基于科学结构图谱观察科学研究的发展趋势

1. 从科学结构看科学发展特点

科学研究结构的布局总体上保持稳定。科学研究领域数量持续扩大，科学研究前沿不断延伸，新兴研究领域不断涌现，学科交叉融合的现象越来越明显。科学结构中有36%的研究领域属于学科交叉研究领域。具有高融汇程度的研究领域从2008~2013年的970个扩大到2010~2015年的1084个、2012~2017年的1169个、2014~2019年的1333个。

从近三期的科学结构图谱来看，人类可持续发展的重大问题是全球热点研究前沿的焦点，很多研究和能源、环境、人类健康、资源利用、自然灾害等可持续发展问题相关，出现了"生物质能源""气候变化""环境治理""纳米生物医学""纳米药物""海洋资源"等研究领域群，以及与能源、环境、生命健康等息息相关的新材料、新器件等热点研究前沿。这些研究前沿正成为推动科技创新的强大驱动力。

目标导向的基础研究与应用研发结合更加紧密，应用性牵引趋势明显，传统意义上的基础研究、应用研究的边界日趋模糊。科学研究与工程结合逐渐向应用转化的研究领域越来越多，诸如从催化到氢能、页岩气、热能等新能源的研究；环境与健康结合形成了"环境治理"研究领域群；从柔性材料到可穿戴设备；3D与4D打印技术、智能电网、智慧城市的快速发展；基础医学研究更多地与临床研究结合来解决人类的健康问题等。

科学结构图谱2014~2019一个比较新的特点是人工智能技术在各个领域均有所渗透和应用，并出现了一些新的焦点，如医疗与人工智能结合，形成了新的"AI医疗"研究领域群；人工智能与"无线通信"快速融合，并且扩展到"智能交通与城市规划""供应链智能管理""智能决策与应用""脑结构与功能""精神疾病""地质灾害预测与风险评估"等更多的应用场景。

2. 科学结构各领域整体态势

基础科学领域一直围绕宇宙演化、物质结构、生命起源、意识的本质等重大科学问题开展研究，"粒子物理""天文学""量子物理""有机合成方法学""气

候变化""物种保护""基因编辑与治疗""表观遗传调控"是持续研究的热点。在宏观方面,取得了引力波探测等重大突破性进展;在微观方面,生命科学向精确化、可调控方向发展,"基因编辑""表观遗传调控""脑结构与功能"领域的快速发展,不断催生新的学科生长点。

信息技术领域中高密度的研究热点是"机器学习""无线通信""系统与控制"等。机器学习热点研究从深度学习模型算法研究转向将深度学习方法与遥感、医疗健康、安全、农业等多个应用方向相结合;随着5G更多地应用到各行各业,通信研究不但聚焦于5G信道分配、MINO天线编码等技术本身,而且更多地与智慧城市、智能手机、边缘计算、无人机等应用场景相结合。

在新材料领域,"二维材料和器件""超材料""钙钛矿材料与器件"的高度活跃,以及"柔性材料与器件"、与纳米生命科学相关的"荧光生物医用材料"等领域的发展,带动材料领域正在向个性化、绿色化方向发展。

新能源技术体现了绿色、智能的多元发展。除了持续的"生物能源"研究外,还新出现了"生物质能源""页岩气"等聚集群,包括氢能、燃料电池等先进能源。同时"有机太阳能电池""染敏太阳能电池"等能源的活跃度有所降低。

生命科学领域的前沿热点较多,包括"肿瘤免疫治疗""肠道微生物与健康""脑结构与功能""精神疾病""神经退行性疾病""纳米药物""心血管疾病""新发病毒传染病""卫生保健"等方面的研究。生物技术研究加速走向临床应用,将基因的编辑、调控等技术快速应用于癌症治疗等临床研究。

3. 科学结构中新的聚焦热点

近两期的科学结构图谱上出现了一些新的聚焦热点,包括医疗与人工智能的结合,形成了新的"AI医疗"研究领域群;人工智能在汽车上的应用,形成了"汽车智能算法""电动汽车"两个研究领域群;人工智能在滑坡等地质灾害预测与风险评估的应用等。除此之外,其他的新兴研究热点包括与纳米生命科学相关的"超分子自组装"研究领域群、与"组织修复型假体"相关的材料和应用、免疫性疾病中的"免疫生物学机制"研究等。

(一)科学结构图谱中研究领域数量持续扩大

由于改进了科学结构算法,为了做进一步的演变分析,我们使用新算法重新做了2008~2013年、2010~2015年两期的科学结构图谱,四期科学结构图谱相关数据量见表3-2。在原算法中,科学结构研究领域层保留一半左右的研究前沿;改进算法后,研究领域层包含了几乎全部的研究前沿,只有个别的离群点被去掉了。

表 3-2 四期科学结构图谱相关数据量统计

时期		2008～2013 年	2010～2015 年	2012～2017 年	2014～2019 年
高被引论文层	高被引论文数 / 篇	74 903	82 478	90 012	99 636
研究前沿层	研究前沿数 / 个	9 150	9 546	10 223	11 626
	高被引论文数 / 篇	43 354	45 657	47 889	52 589
	施引论文数 / 篇	1 499 001	1 801 996	2 187 230	2 504 043
研究领域层	研究领域数 / 个	970	1 084	1 169	1 333
	研究前沿数 / 个	8 656	9 237	9 854	11 188
	高被引论文数 / 篇	41 568	44 495	46 405	50 767
	施引论文数 / 篇	1 462 802	1 775 524	2 142 849	2 451 874

研究前沿和研究领域数在四个时期逐步增加，研究领域数从 970 个增加到 1333 个，研究前沿数从 9150 个增长到 11 626 个。随着世界上论文总量的增加，每个时期的 Top1% 高被引论文数量也在增加。SCI 高被引论文量的平均每期增长率接近 10%；科学结构聚类产生的研究领域平均每期增长率为 11%，研究领域中包含的高被引论文量平均每期增长率为 7%，其施引论文量的平均每期增长率接近 19%。

图 3-2 显示了四期研究领域的核心论文数分布，长条柱中的数字为某一论文量范围内的研究领域的个数。可以看出，四期研究领域的论文数量分布基本一致，大部分研究领域的核心论文量少于 100 篇，大于 200 篇论文的研究领域每期仅有 4～5 个。少于 20 篇论文的研究领域数量和占比呈增长趋势。新兴研究领域的规模较小，平均论文量为 10.6 篇。从时序分析来看，新兴研究领域的数量越来越多，持续发展的研究领域的平均论文量为 41.9 篇。

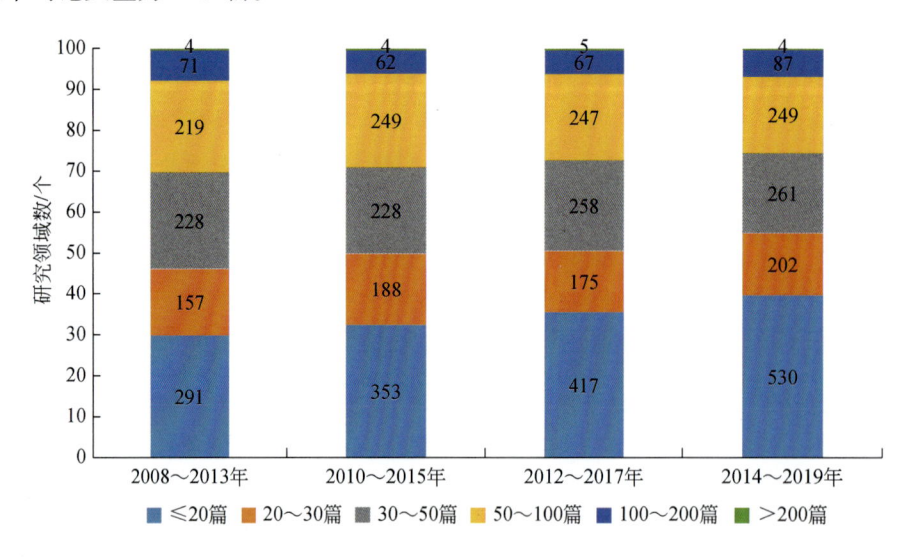

图 3-2 四期研究领域的核心论文数分布

（二）科学结构的时序发展

三个时期的热力图显示（图 3-3），科学结构的总体布局基本保持一致，学科分布基本相同，科学结构图谱大部分研究领域群有继承性，也有部分有发展变化。这也从另一个角度证明了新修改的科学结构算法的可靠性。

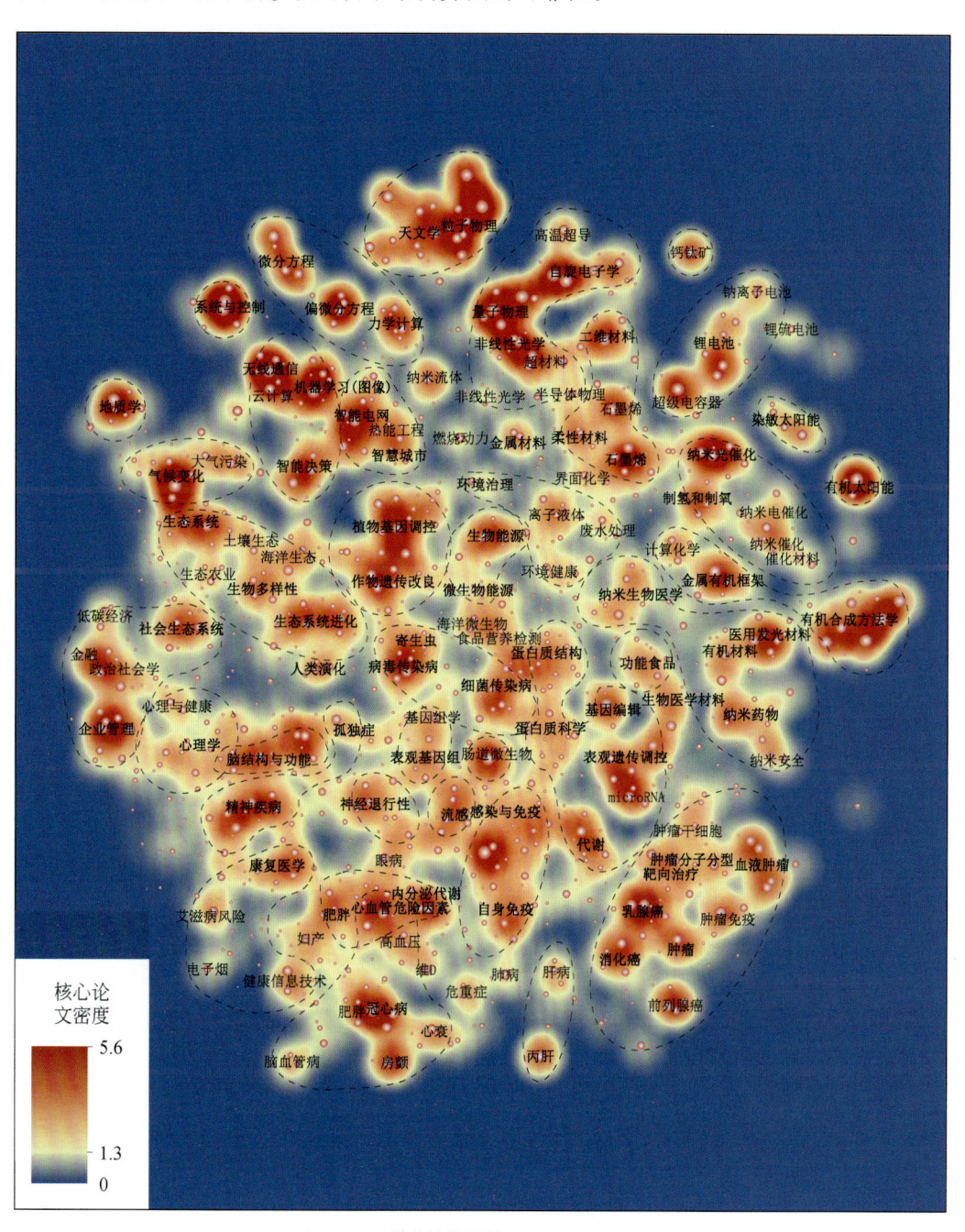

(a)科学结构图谱2010～2015

图 3-3　三期科学结构图谱

(b)科学结构图谱2012～2017

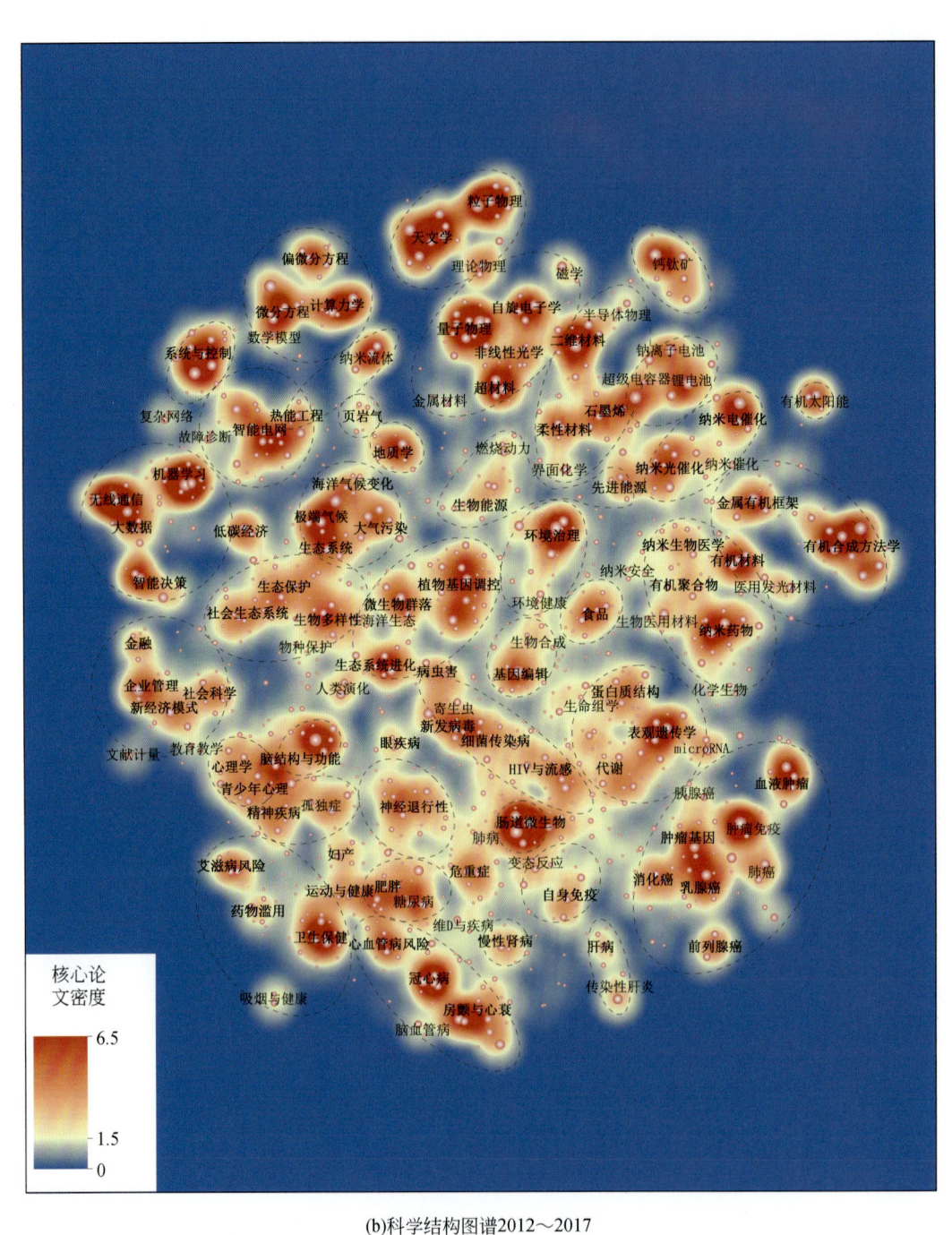

图3-3 三期科学结构图谱（续）

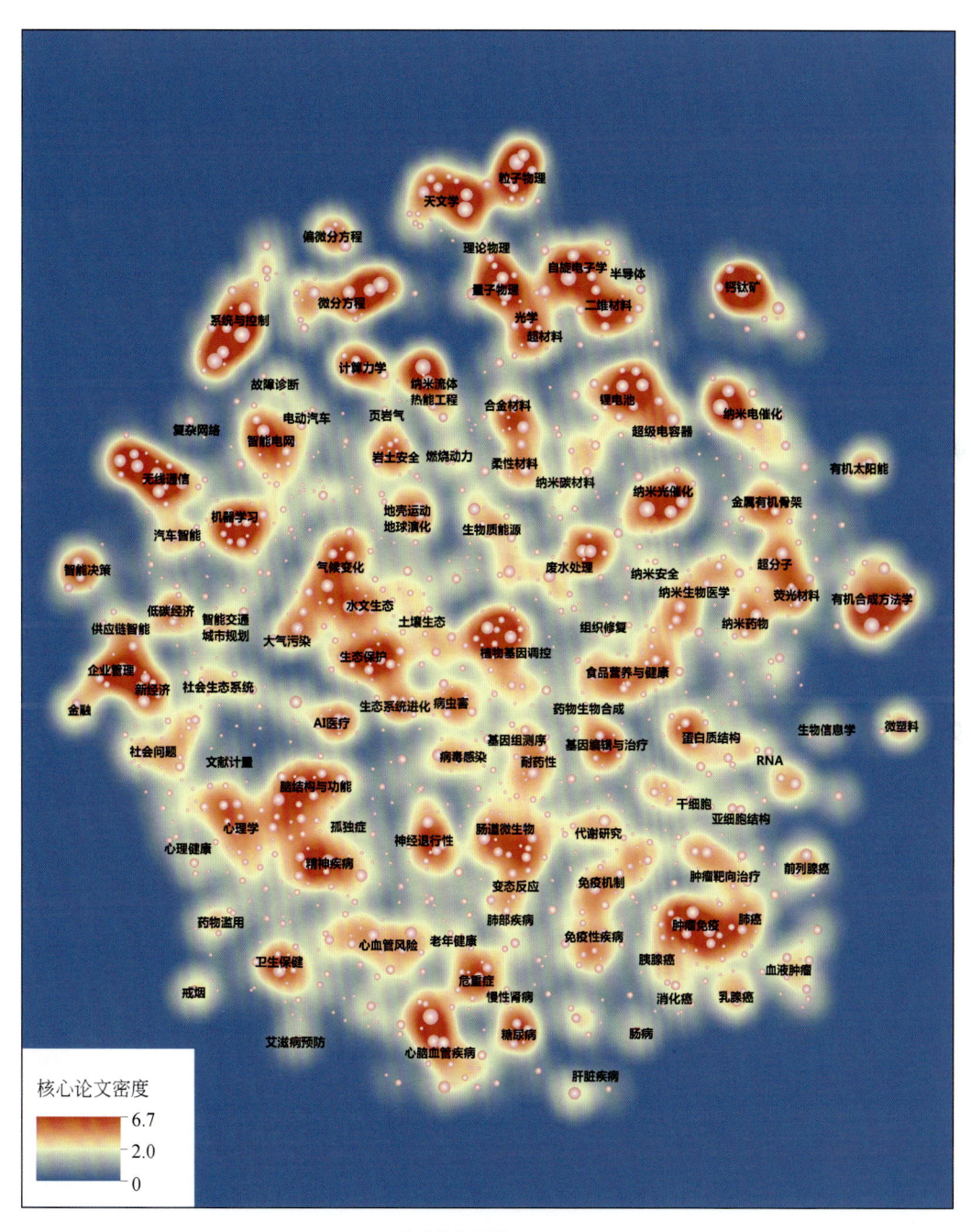

(c) 科学结构图谱 2014~2019

图 3-3 三期科学结构图谱（续）

注：研究领域的坐标位置由深度学习模型确定，图中论文量越大，密度越大，颜色越暖；反之，论文量越小，密度越小，颜色越冷

从三期科学结构图谱来看，持续高密度论文区域的研究热点主要包括"量子物理""粒子物理""机器学习""无线通信""纳米光催化""有机合成方法学""系统与控制""微分方程""计算力学""气候变化""植物基因调控""脑结构与功能""精神疾病""肠道微生物与健康""基因编辑""智能电网""企业管理"等方面的研究。在科学结构图谱2014～2019、2012～2017中，"钙钛矿材料与器件""生态系统保护""二维材料和器件""超材料""锂电池""纳米流体""废水处理""神经退行性疾病""肿瘤免疫治疗""房颤与心衰""卫生保健服务""新经济"等研究领域密度增高，成为热点研究；也形成了一些新的研究领域群，如与天文学与粒子物理相关的"理论物理"、从催化基础研究逐步发展到应用研究的"生物质能源"、与"机器学习"相关的深度学习，以及"页岩气""药物滥用""文献计量与期刊研究"等。科学结构图谱2010～2015中的"有机太阳能电池""乳腺癌""偏微分方程"等研究领域群，在后两期科学结构图谱的密度降低较多，另外，"石墨烯""地壳运动与地球演化"等研究领域群密度也有所降低。

在科学结构图谱2014～2019上，一个比较突出的特点是人工智能技术在各个领域的渗透和应用，出现了一些新的聚焦，比如，医疗与人工智能结合，形成了单独的新的"AI医疗"研究领域群；人工智能应用于汽车上，形成了"汽车智能算法""电动汽车"两个研究领域群；人工智能在滑坡等地质灾害预测与风险评估中应用等。其他的新兴研究热点包括：与纳米生命科学相关的"超分子自组装"研究领域群，与"组织修复型假体"相关的材料和应用，以及免疫性疾病中的"免疫生物学机制"研究等。

表3-3列出了四期科学结构图谱中各学科（ESI 22个学科）研究领域（判断方法参见第四章第一节）的数量及占全部研究领域数量的比例。从总体趋势来看，各学科研究领域数量占全部研究领域数量的比例基本稳定。属于交叉学科的研究领域占比较高，接近40%；属于单一学科且研究领域在全部研究领域占比超过5%的学科包括临床医学、工程学、化学；占比增长相对较快的学科包括材料科学、工程学、植物学与动物学、社会科学、计算机科学等。

表3-3　四期科学结构图谱中各学科研究领域的数量及占全部研究领域数量的比例

学科	科学结构图谱 2008～2013 研究领域/个	占比/%	科学结构图谱 2010～2015 研究领域/个	占比/%	科学结构图谱 2012～2017 研究领域/个	占比/%	科学结构图谱 2014～2019 研究领域/个	占比/%
材料科学	6	0.6	9	0.8	9	0.8	19	1.4
地球科学	24	2.5	29	2.7	32	2.7	39	2.9
分子生物学与遗传学	6	0.6	7	0.6	11	0.9	7	0.5

续表

学科	科学结构图谱 2008～2013 研究领域/个	占比/%	科学结构图谱 2010～2015 研究领域/个	占比/%	科学结构图谱 2012～2017 研究领域/个	占比/%	科学结构图谱 2014～2019 研究领域/个	占比/%
工程学	59	6.1	66	6.1	79	6.8	94	7.1
化学	59	6.1	68	6.3	73	6.2	77	5.8
环境/生态学	6	0.6	11	1.0	15	1.3	16	1.2
计算机科学	9	0.9	10	0.9	16	1.4	15	1.1
经济与商业	15	1.5	11	1.0	13	1.1	16	1.2
精神病学/心理学	21	2.2	24	2.2	25	2.1	29	2.2
空间科学	6	0.6	5	0.5	6	0.5	9	0.7
跨学科科学	380	39.2	402	37.1	409	35.0	482	36.2
临床医学	152	15.7	182	16.8	190	16.3	214	16.1
免疫学	5	0.5	6	0.6	4	0.3	3	0.2
农业科学	23	2.4	28	2.6	28	2.4	27	2.0
社会科学	47	4.8	46	4.2	57	4.9	77	5.8
神经科学与行为科学	21	2.2	22	2.0	29	2.5	26	2.0
生物与生物化学	15	1.5	22	2.0	17	1.5	18	1.4
数学	21	2.2	32	3.0	42	3.6	38	2.9
微生物学	4	0.4	7	0.6	5	0.4	2	0.2
物理学	52	5.4	48	4.4	56	4.8	60	4.5
药理学与毒理学	5	0.5	8	0.7	8	0.7	12	0.9
植物学与动物学	34	3.5	41	3.8	45	3.8	53	4.0

三、快速发展的研究领域演变分析

科学结构图谱2014～2019中的研究领域数量大幅增加，覆盖范围更加广泛。本节选取在科学结构图谱2012～2017、科学结构图谱2014～2019发展比较快速的"人工智能""锂/钠电池""干细胞"三个研究领域群进行演变分析，通过科学结构图谱2014～2019一些研究领域群的研究活动情况，结合科学结构图谱2010～2015、科学结构图谱2012～2017、科学结构图谱2014～2019相关研究领域的演变轨迹图，分析研究主题的变化发展。

（一）人工智能

人工智能致力于研究如何使计算机能够像人一样进行推理、学习、识别、理解和处理信息，并通过对数据的分析和处理，实现自主决策和行动。当前，人工智能已经迎来了第三次发展浪潮。经过60多年的发展，人工智能在算法、算力和数据三个方面都取得了重要突破，人工智能理论也取得了飞速的发展。如今，人工智能在语音识别、文本识别、视频识别等感知领域取得了突破，达到或超过人类水准，成为引领新一轮科技革命和产业变革的战略性技术。

本书采用关键词检索出与人工智能相关的论文，在科学结构图谱2012～2017、2014～2019中标识出包含人工智能论文的研究领域（以下两个研究领域群分析方法同）。如图3-4所示，红色圆圈代表与人工智能相关的研究领域（包含至少3篇

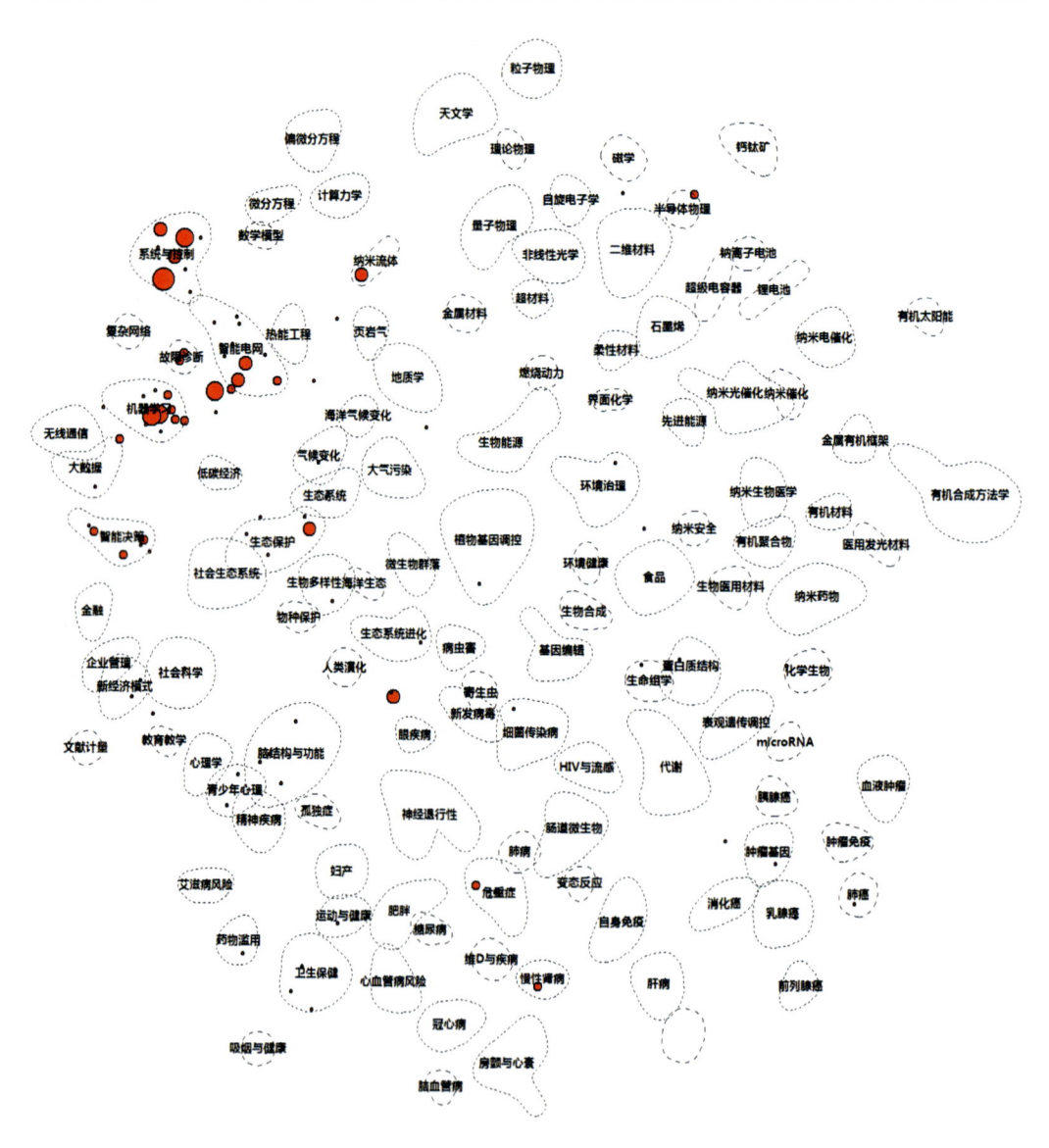

(a) 科学结构图谱2012～2017

图3-4 人工智能相关研究领域在两期科学结构图谱中的分布

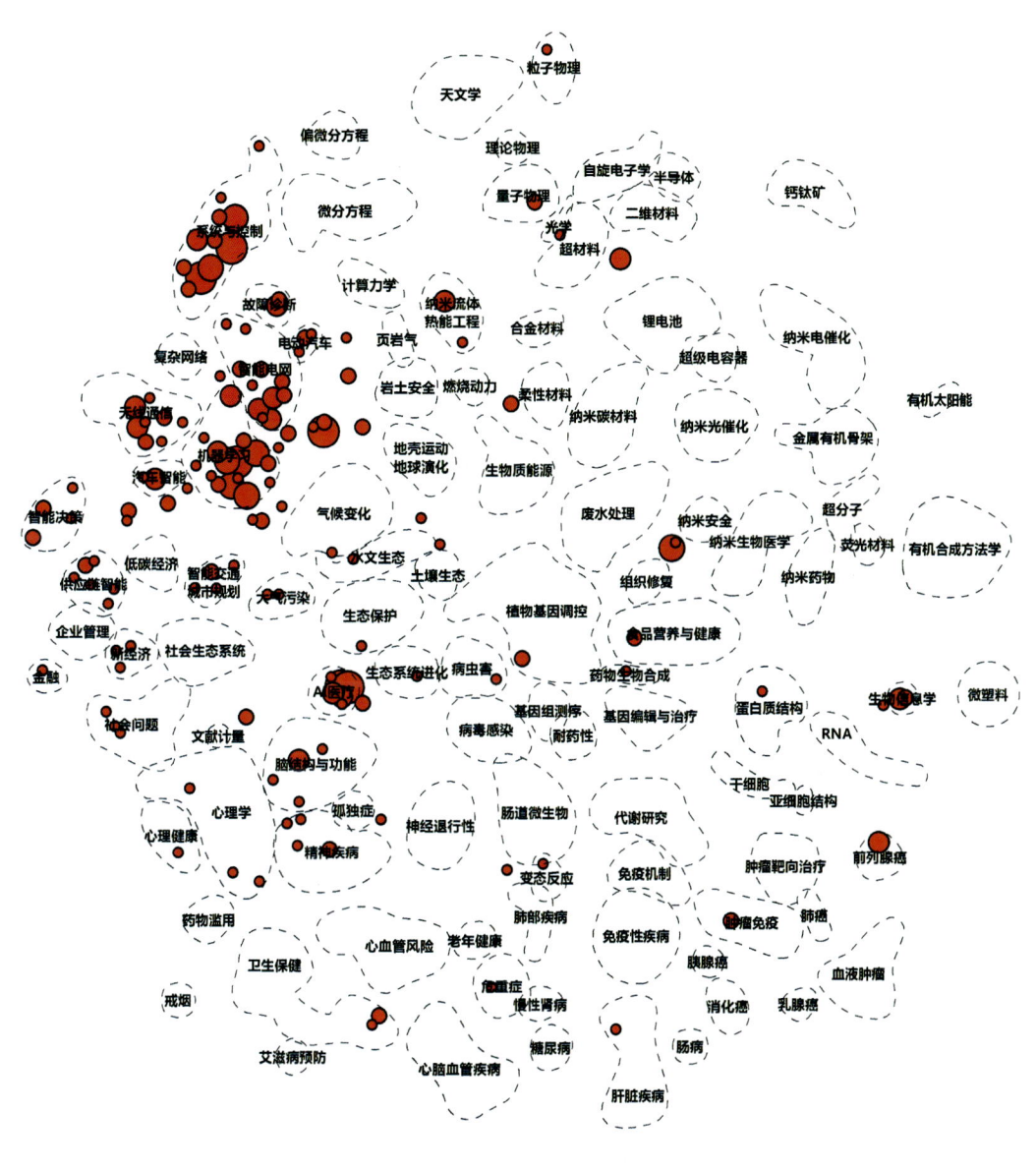

(b)科学结构图谱2014～2019

图3-4 人工智能相关研究领域在两期科学结构图谱中的分布（续）

人工智能论文），圆的大小与人工智能论文数量成正比（以下同）。科学结构图谱2012～2017中包含人工智能论文的研究领域有100个，科学结构图谱2014～2019为139个，增长显著。

从人工智能相关研究领域在两期科学结构图谱中的分布情况来看（图3-4），人工智能的研究发展较为迅速：2014～2019年人工智能论文相关研究领域无论是数量还是每个研究领域的规模都比2012～2017年有大幅提高；同时人工智能研究的覆盖广度也大幅增加，涉及的研究领域群数量明显增加，从2012～2017年仅覆盖5个发展到2014～2019年覆盖10个。在2012～2017年、2014～2019年两期中，与人工智能相关性较强的"机器学习""系统与控制""智能电网"3个研究领域群中包含的人工智能研究领域最多。此外，2014～2019年一个新特点是人工智能与医学交叉融合，形成了新的研究领域群"AI医疗"。同时在科学结构图谱2014～2019中，人工智能逐步扩展到更多的研究领域群，包括与"无线通信"的快速融合，以及扩展到"供应链智能管理""智能决策与应用""智能交通与城市规划""脑结构与功能""精神疾病"等更多的应用场景。表3-4列出了两期科学结构图谱中包含的与人工智能相关研究领域数量前10的研究领域群。

表3-4 两期科学结构图谱中包含的与人工智能相关研究领域数量前10的研究领域群列表

	研究领域群	机器学习	智能电网	系统与控制	智能决策与应用	生态环境保护
科学结构图谱 2012～2017	数量/个	11	8	7	5	4
	研究领域群	医疗服务质量	新经济模式	脑结构与功能	故障诊断	儿童心理健康
	数量/个	2	2	2	2	2
科学结构图谱 2014～2019	研究领域群	机器学习	系统与控制	智能电网	无线通信	AI医疗
	数量/个	16	11	7	6	6
	研究领域群	供应链智能管理	智能决策与应用	智能交通与城市规划	脑结构与功能	精神疾病
	数量/个	6	4	4	4	4

下文对选取的三个具有代表性的研究领域群"机器学习""AI医疗""无线通信"做详细解读。

1. 机器学习

1）总体趋势分析

2014～2019年，人工智能的理论与方法研究主要包含在机器学习研究领域群中，共包含了16个人工智能相关研究领域、309篇相关论文。从机器学习中人工智能论文数量排名前10的研究领域列表（表3-5）中可以看到，随着深度学习的快速发展，机器学习中的研究已经从算法模型研究发展到领域应用，越来越多的研究领域将深度学习模型与应用紧密结合。现阶段，深度学习与应用结合最密切的主要是和图像、视频、动作等相关的计算机视觉研究方向。此外，深度学习还被应用于人机交互、人机互动、医疗辅助诊断和自然语言处理等不同的研究方向。

表 3-5 机器学习中人工智能论文数量排名前 10 的研究领域列表

研究领域 ID	研究领域名称	含人工智能论文数 / 篇
451	图像检测、行为识别	49
7	深度学习与领域结合的应用研究	43
416	遥感图像分辨率分析	42
269	遥感图像结合深度学习应用	32
103	视频与图像中的人体识别与动作捕捉	31
821	工程上基于智能算法的优化问题	26
1239	图像质量与视频编码质量评价	21
187	人机交互、脑机融合感知	15
1193	多标签学习	12
391	可穿戴设备辅助医疗诊断	8

2）主要演变轨迹流分析

图 3-5 的演变轨迹流中包含了表 3-5 中 6 个研究领域，是包含机器学习研究群内研究领域最多的一条演变轨迹流。该演变轨迹流揭示了机器学习研究中深度学习在图像识别与动作识别中研究的演化过程。2014～2019 年研究方向包括图像质量与视频编码质量评价（ID1239）、视频与图像中的人体识别与动作捕捉（ID103）、三维重建、三维立体成像（ID510）、深度学习与领域结合的应用研究（ID7）等。从科学演变路径来看，ID1239、ID103、ID451、ID510、ID174 的研究方向主要来源于科学结构图谱 2012～2017 的 ID346，关注的是高效视频编码、盲图像质量评价、图像检测。ID346 又来源于科学结构图谱 2010～2015 的 ID54，关注的是人脸识别、目标检索。三期关联研究领域在研究方向上有了较大的发展，从最早的 ID54 演变发展成多个全新的人工智能相关研究领域。三期相关研究领域不断融合、分离，说明该领域正处于高速发展阶段，热点研究方向正在不断地分化与细化。

3）新兴研究领域

机器学习研究领域群中有一个新兴研究领域"用户推荐与用户隐私"（表 3-6），该研究领域中的研究内容主要为利用协同过滤与深度学习模型对用户进行信息推荐与服务推荐。

图 3-5　演变轨迹流 70[①]

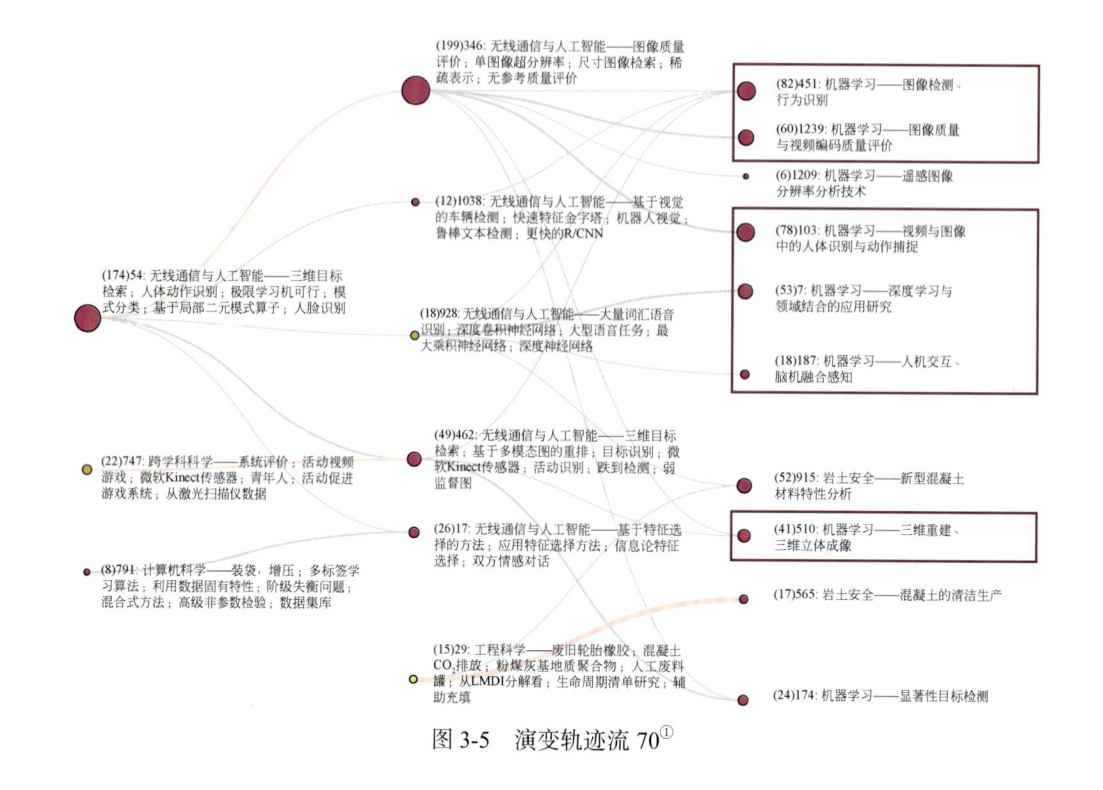

表 3-6　机器学习研究领域群中的新兴研究领域

研究领域名称	提取关键词	研究领域ID	研究前沿数/个	核心论文数/篇
用户推荐与用户隐私	实时隐私监控、信息流跟踪系统、多维 QoS 预测、协同过滤推荐系统、推荐系统应用开发、用户相似性模型、非负潜因子模型、深度学习、非负矩阵分解、位置感知服务	1262	5	26

2. AI 医疗

1）总体趋势分析

通过分析科学结构图谱 2014～2019 发现，AI 医疗相关研究领域呈现出明显的聚集效果，形成了一个全新的研究领域群。AI 医疗是人工智能与医学交叉融合快速发展的结果，是人工智能技术对医疗相关领域应用场景的赋能现象，具体的应用功能场景包括医学影像、辅助诊疗、药物挖掘、健康管理等。该群中包含 6 个人工智能相关研究领域、156 篇相关论文。从相关研究领域列表（表 3-7）中可看出，AI 医疗的研究主要是运用深度学习对医学影像进行分析，辅助诊断如心血管疾病、肿瘤、癌症等重大疾病。

---

① "70" 为演变轨迹流编号，后文 "187" 等数字同样表示演变轨迹流编号。

表 3-7　AI 医疗中人工智能相关研究领域

研究领域 ID	研究领域名称	含人工智能论文数 / 篇
75	深度学习在 CT 与 MRI 医学图像的检测与诊断	55
197	深度学习针对肿瘤病理学图像的智能诊断	50
52	基于深度学习的医学图像智能分析与辅助诊断研究	28
368	放射组学在肿瘤精准诊断和治疗中的应用	17
973	深度学习模型在脑部疾病诊断中的应用	3
22	扩散加权成像（DWI）在癌症特征和治疗监测中的应用	3

2）主要演变轨迹流分析

图 3-6 的演变轨迹展示了 AI 医疗研究领域群中包含论文最多的两个研究领域的发展变化，分别为研究领域 ID75 与 ID197。ID75 为深度学习在 CT 与 MRI 医学图像的检测与诊断，ID197 为深度学习针对肿瘤病理学图像的智能诊断。从科学演变路径来看，ID75 来源于前一期 ID111 与 ID243 两个研究领域，这两个研究领域分别属于工程学与医学，说明随着人工智能技术的发展，经过学科交叉后演化出了新的人工智能在 CT 与 MRI 医学图像诊断的研究方向。ID197 同样是从 ID243 演化而来的，将病理学图像的智能诊断研究分离出来，ID197 的研究内容更加专注在卷积神经网络在肿瘤病理学图像中的应用。

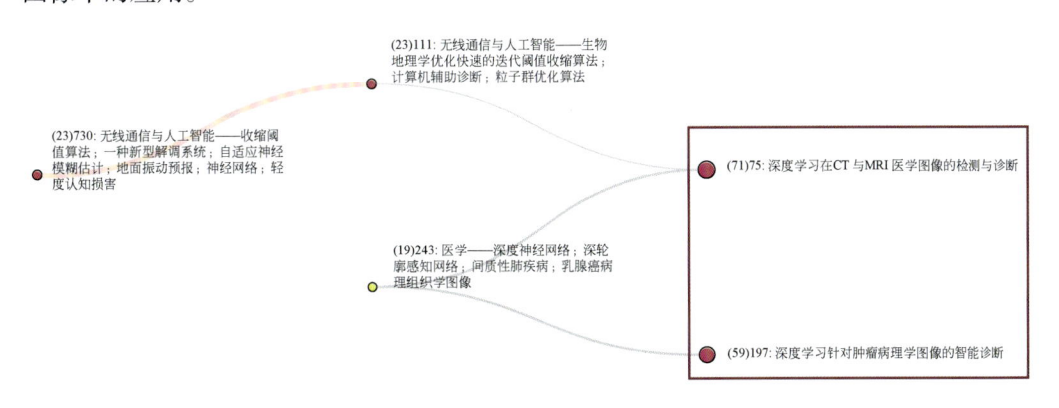

图 3-6　演变轨迹流 187

3）新兴研究领域

AI 医疗研究领域群中有一个新兴研究领域"深度学习模型在脑部疾病诊断中的应用"（表 3-8），该研究领域的主要研究内容是利用卷积神经网络对阿尔茨海默病等脑部疾病进行自动诊断。

表 3-8　AI 医疗研究领域群中新兴研究领域

研究领域名称	提取关键词	研究领域 ID	研究前沿数 / 个	核心论文数 / 篇
深度学习模型在脑部疾病诊断中的应用	卷积神经网络、多模态数据、阿尔茨海默病、痴呆诊断	973	3	6

3. 无线通信

1）总体趋势分析

近些年，人工智能技术与无线网络技术相结合，利用人工智能、5G 等技术实现无线网络高效、快速、稳定的互联与互通，实现无线通信智能化在通信领域被广泛地讨论。科学结构图谱 2014～2019 无线通信研究领域群中包含 5 个人工智能相关研究领域、59 篇相关论文，科学结构图谱 2012～2017 仅有 1 个与人工智能相关研究领域，可见无线通信在人工智能研究领域是数量增长较快的研究领域群，研究内容包括利用人工智能技术对智慧城市中通信技术的研究，完善边缘计算资源调配研究，利用智能算法优化移动传感器性能等（表 3-9）。

表 3-9　无线通信研究领域群中人工智能相关研究领域

研究领域 ID	研究领域名称	含人工智能论文数 / 篇
211	用于智慧城市、物联网智能通信技术研究	21
542	基于边缘计算的智慧城市资源调配研究	18
1189	无线网络身份认证	11
522	利用智能算法优化移动传感器性能	6
960	数字加密通信技术	3

2）主要演变轨迹流分析

图 3-7 的演变轨迹展示了无线通信研究领域群中论文数量最多的 ID211 研究领域的发展变化。ID211 为用于智慧城市、物联网智能通信技术研究。从科学演变路径来看，ID211 来源于科学结构图谱 2012～2017 中 ID417、ID775、ID264 三个研究领域，其中 ID775 是关于 5G 网络中设备对设备通信（device-to-device communication）相关研究，ID417 是关于认知无线电网络研究，ID264 是关于通信中隐私保护方法研究。经过以

上三个研究领域的发展融合，2014～2019 年阶段演化出了全新的融合 5G、感知无线电技术和智能加密技术的智慧城市、物联网智能通信技术研究。

(58)34: 无线通信与人工智能——能量传输；能量约束；无线信息；无线携能通信；最优功率分配；无线能量传输；MIMO窃听信道

(25)18: 无线通信与人工智能——信息为中心的网络研究；并行多径数据传输；绿色车辆延迟容忍；多约束QoS组

(196)84: 无线通信与人工智能——节能资源分配；空间调制；软件定义网络；设备间通信；大型天线系统；异质蜂窝网络；性能分析

(142)141: 无线通信与人工智能——能量传输；非正交多址；物理层安全；无线携能通信；MIMO系统；协作波束成形；AF中继系统；射频能量

(108)417: 无线通信与人工智能——无线传感器网络；认知无线电网络；机会频谱接入；通道捆合技术；信息物理系统；智能电网

(28)860: 无线通信与人工智能——软件定义网络；网络功能虚拟化；面向软件定义的移动网络；软件定义无线网络

(141)775: 无线通信与人工智能——D2D通信；节能资源分配；蜂窝网络；LTE高级网络；异构云无线接入；M2M通信；大数据；随机几何建模

(82)1042: 无线通信与人工智能——毫米波MIMO系统；大型天线系统；毫米波信道建模；指数调制；毫米波波束形成；毫米波通信

(34)264: 计算机科学——面向社会的自适应传输；一种新的隐私保护方法；物理层网络编码；异构AD-hoc网络；基于网络的联合路由

(150)RA14: 无线通信——5G网络中寻址与信道分配研究

(109)RA74: 无线通信——多项5G网络中关键技术综述

(131)RA211: 无线通信——用于智慧城市、物联网智能通信技术研究

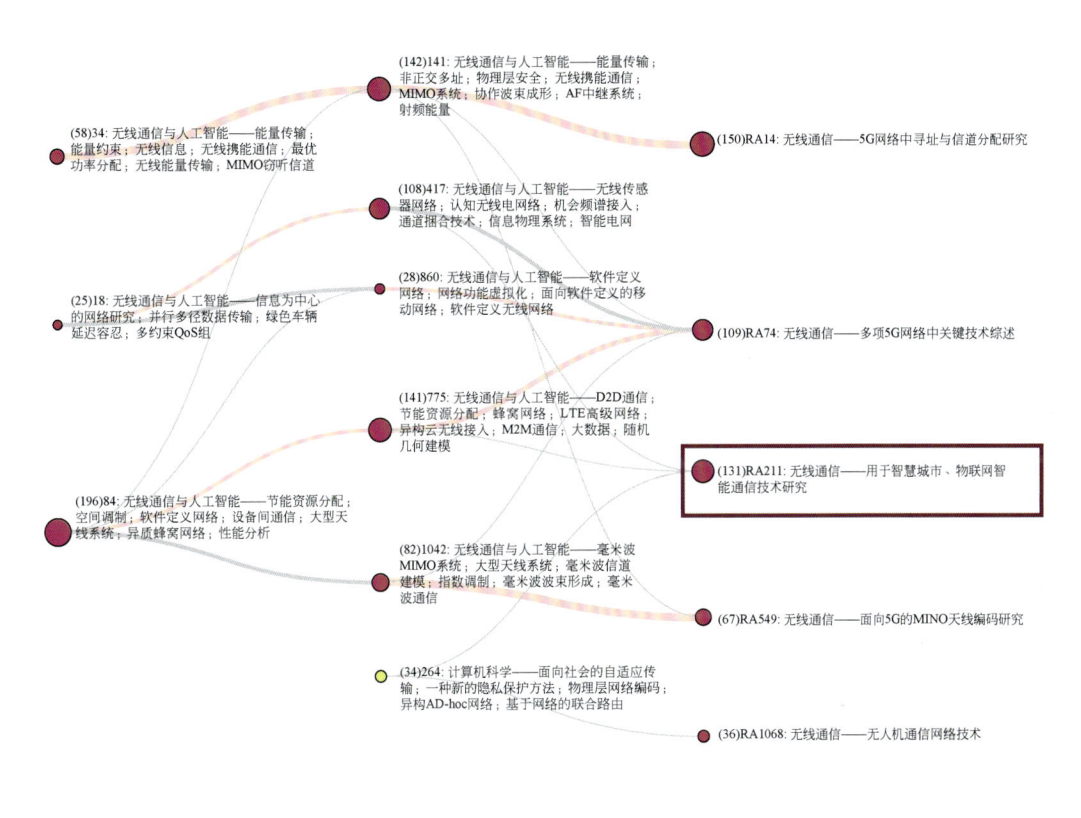

(67)RA549: 无线通信——面向5G的MINO天线编码研究

(36)RA1068: 无线通信——无人机通信网络技术

图 3-7　演变轨迹流 112

3）新兴研究领域

无线通信研究领域群中有一个新兴研究领域"利用智能算法优化移动传感器性能"（表 3-10），该研究领域中研究内容主要利用 PSO 算法、改进的花粉授粉算法、混合遗传算法改进异构无线传感器网络路由优化方案。

表 3-10　无线通信研究领域群中新兴研究领域

研究领域名称	提取关键词	研究领域ID	研究前沿数/个	核心论文数/篇
利用智能算法优化移动传感器性能	移动 Sink 数字信号调制分类、多维数据索引、远程监督关系抽取、α 分数优先策略、移动数据收集架构、跨平台边缘环境、异构无线传感器网络、次二次空间复杂度乘子、智能数据收集架构	522	4	32

除以上三个研究领域群外，其他人工智能论文数量较多的研究领域群还有"系统与控制""智能电网"，分别包含262篇、79篇论文。"系统与控制"研究领域群中研究的主要是应用人工智能相关模型优化控制系统中的自适应控制以及非线性控制；"智能电网"研究领域群中研究的主要是应用人工智能相关模型完善电力系统中控制与优化、电力预测、并网控制等环节。

（二）锂/钠电池

锂/钠电池作为碱金属电池的重要成员，具有超高的能量密度，被认为是理想的储能器件，近些年受到了较多重视。锂电池作为电能的储存载体和众多设备的动力来源，具有能量密度高、无记忆效应、环境污染小等特点，广泛用于消费电子产品及电动汽车产品中，成为全球研究的热点。锂电池分为锂离子电池和锂金属电池。由于对锂离子电池的研究正在接近其能量密度理论极限，无法满足未来的能源需求（主要是电动汽车），近些年包括锂空气电池、锂硫电池和锂金属氧化物等新一代锂金属电池成为新的研究热点。锂金属电池在过去几年发展很快，但仍处于发展阶段。锂空气电池需要解决电池寿命和能源效率等问题。锂硫电池显示出比锂空气电池更广阔的前景，但由于其低能量密度，也受到寿命和体积等问题的限制。锂二氧化碳电池能够利用空气中的二氧化碳提供电能，在高效利用二氧化碳的同时，具有比传统锂电池更高的能量密度，在各类电子产品、交通工具甚至航空、航天领域具有广阔的应用前景，成为近些年锂电池领域新的研究方向。

相比于锂电池，钠电池具有成本低、稳定性强和安全性高的显著优势，有望取代锂电池，成为储能和动力电池领域的有效补充。钠电池也是一个论文数量保持持续增长的热点研究方向。

1. 总体趋势分析

从锂/钠电池论文相关的研究领域分布（图3-8）来看，2014～2019年涉及的研究领域明显比2012～2017年多，说明针对锂/钠电池的研究向纵深扩展，尤其是针对锂电池的研究领域较2012～2017年增加了4个，可见目前研究人员更倾向于锂电池的相关研究，致力于在锂电池领域获得更多突破。

在科学结构图谱2012～2017、2014～2019中，锂/钠电池相关研究领域涉及的研究领域群基本相同，主要包括"锂电池""超级电容器""纳米催化""电动汽车"等相关研究，可见在两期科学结构图谱的时间窗口内，对锂/钠电池的研究一直较为稳定，并未出现研究领域的重大转向。两期科学结构图谱中包含锂/钠电池的研究领域群前四位见表3-11。

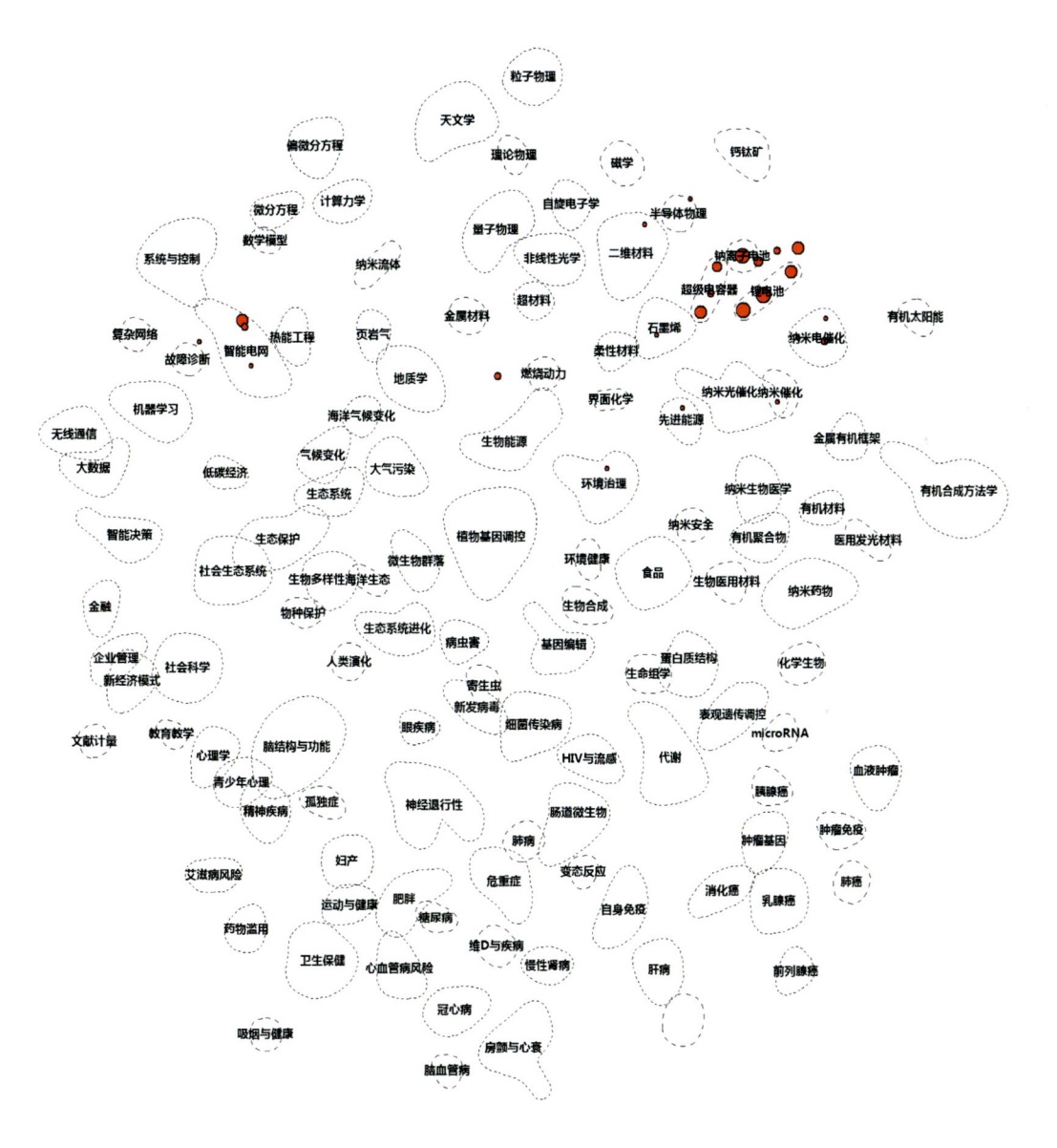

(a)科学结构图谱2012～2017

图 3-8　锂/钠电池相关研究领域在两期科学结构图谱中的分布

(b)科学结构图谱2014~2019

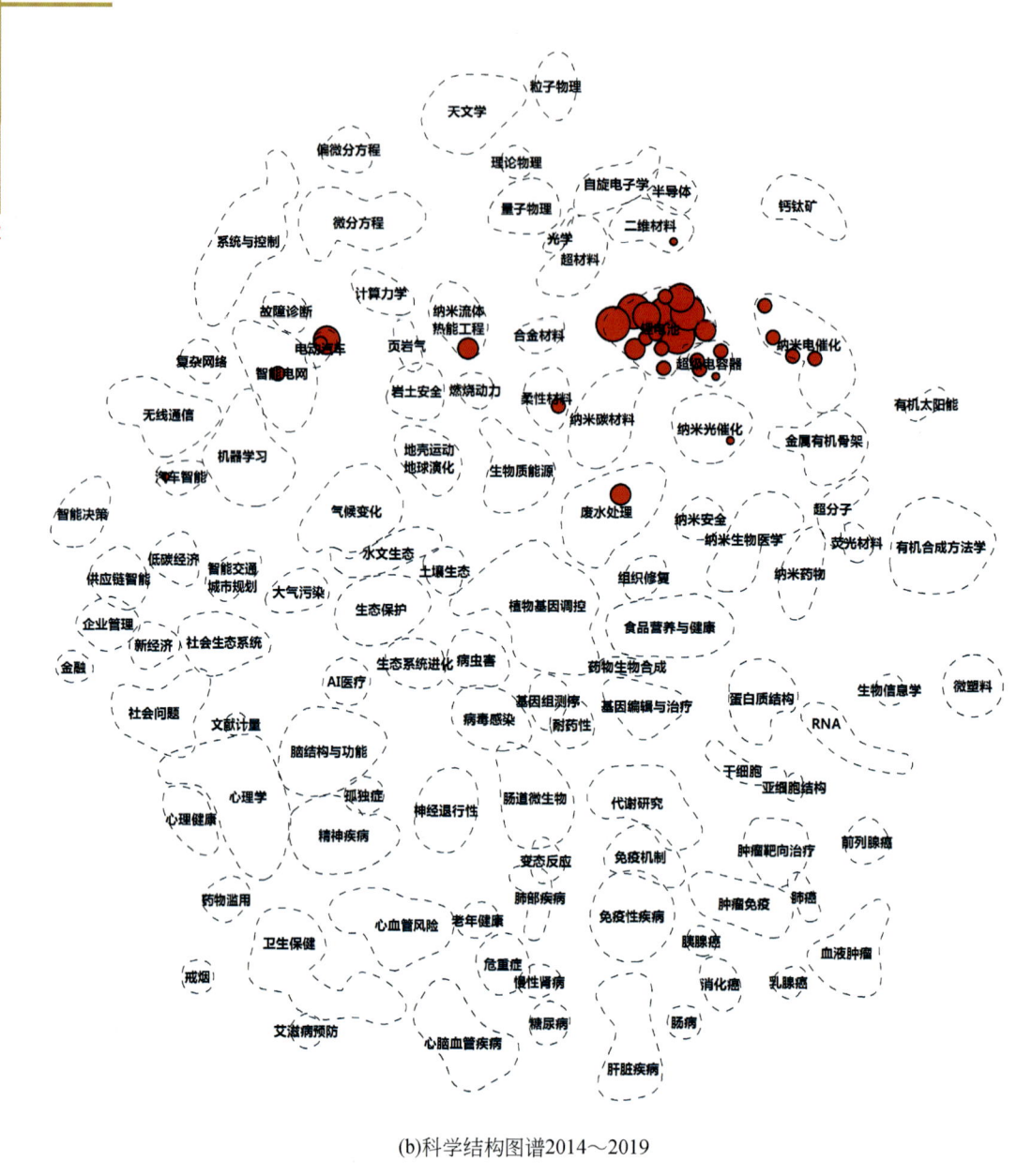

图 3-8 锂/钠电池相关研究领域在两期科学结构图谱中的分布（续）

表 3-11 两期科学结构图谱中锂/钠电池相关研究领域群包含的研究领域数量

图谱	科学结构图谱 2012~2017				科学结构图谱 2014~2019			
研究领域群名称	锂电池	纳米催化	超级电容器	电动汽车	锂电池	纳米催化	超级电容器	电动汽车
数量/个	10	4	2	2	14	6	4	2

从论文数量来看，和科学结构图谱 2012~2017 相比，科学结构图谱 2014~2019 在"纳米催化"和"电动汽车"研究领域群的锂/钠电池相关论文数量有较大幅度增加。

科学结构图谱 2014～2019 包含锂/钠电池相关论文数量前 10 的研究领域见表 3-12。前 10 个研究领域主要是新型先进锂电池的开发设计，包括锂离子电池正极材料、锂氧/锂硫等锂金属电池、固态锂电池等。此外，"电动汽车车载电池特性研究""废旧锂离子电池电极材料中贵重金属回收"等研究领域也是锂电池研究的重要方向。钠离子电池作为锂电池的补充也被广泛研究。

表 3-12　科学结构图谱 2014～2019 包含锂/钠电池相关论文数量前 10 的研究领域

研究领域 ID	研究领域名称	论文数/篇
446	锂氧电池研究	71
46	纳米晶锂离子电池正极材料	61
791	固态锂电池研究	56
1196	钠离子电池研究	53
853	先进锂硫电池研究	52
607	锂离子电池正极材料富锂层状氧化物的制备及性质研究	38
1344	锂电池电解液的制备	27
743	电动汽车车载电池特性研究	26
525	金属有机骨架材料作为新型锂离子电池的电极材料	20
493	废旧锂离子电池电极材料中贵重金属回收	20

2. 主要演变轨迹流分析

图 3-9 中包含了科学结构图谱 2014～2019 中锂/钠电池研究相关的 6 个主要研究领域。科学结构图谱 2012～2017 的锂离子电池（ID386）研究领域在吸收了科学结构图谱 2010～2015 锂离子电池（ID964）、锂离子电池正极材料（ID920）及可充电镁电池、还原液流电池等领域知识后，在科学结构图谱 2014～2019 分裂为锂离子电池正极材料富锂层状氧化物的制备及性质研究（ID607）、纳米晶锂离子电池正极材料（ID46）、氧化还原液流电池研究（ID1103）、锂电池电解液的制备（ID1344）及固态锂电池研究（ID791）5 个更聚焦锂电池相关研究的领域。这意味着锂电池研究领域的电池正极材料、电解液、固态电解质等子领域得到了充分的研究，并逐渐成为成熟、独立的研究领域。科学结构图谱 2012～2017 的锂氧电池（ID800）、可充电钠离子电池（ID718）、镁/钙电池（ID1058）研究领域融合形成科学结构图谱 2014～2019 相关论文数量最多的研究领域——锂氧电池研究（ID446），说明锂氧电池的研究和发展吸收了来自钠离子电池和镁/钙电池研究领域的知识。

3. 新兴研究领域

锂/钠电池研究领域群中有一个新兴的研究方向——"锂二氧化碳电池研究"（表 3-13）。传统的二氧化碳的固定需要大量能源，因此会产生更多的二氧化碳和额外的污染物。锂二氧化碳电池可以巧妙地将减少二氧化碳排放与储能系统结合起来，具有先进储能和有效固定二氧化碳的双重特性，这引起了研究人员的极大关注。针对该研

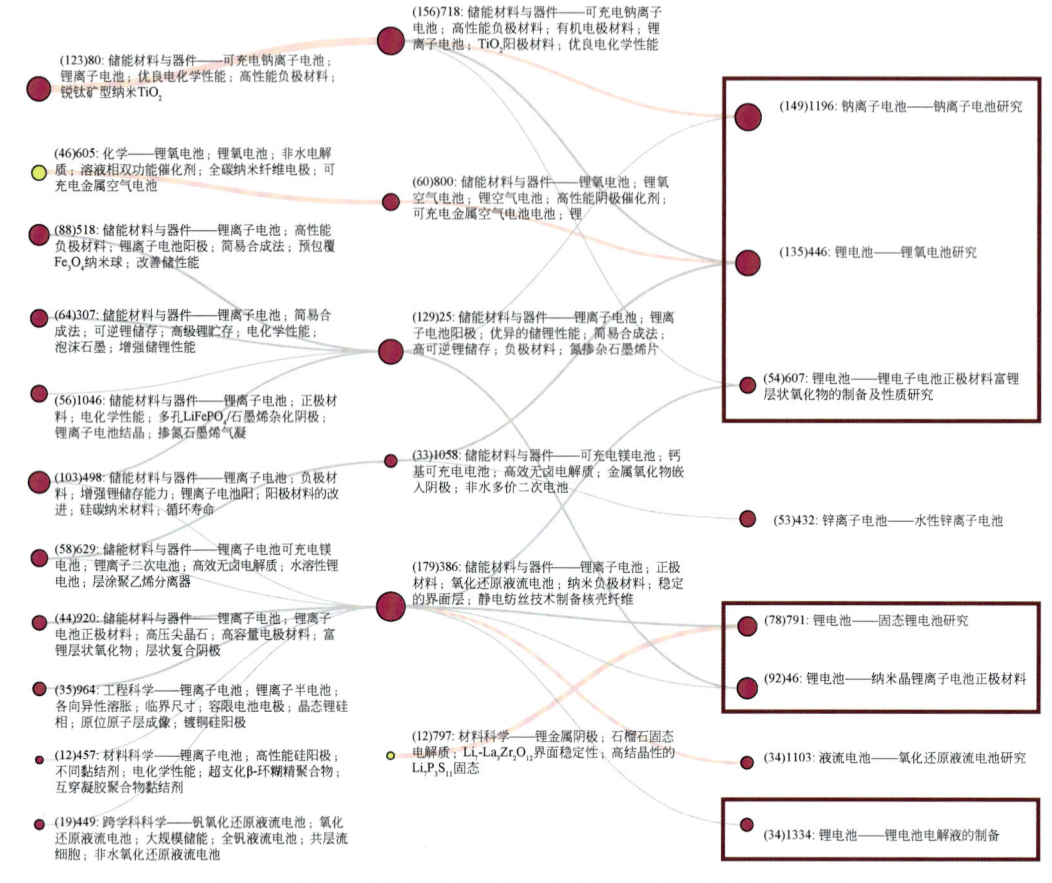

图 3-9 锂/钠电池研究相关的 6 个主要研究领域的演变轨迹流

究方向的研究主要涉及硼/氮共掺杂多孔石墨烯催化剂、金属有机骨架（MOF）作为二氧化碳电极多孔催化剂等，以及导电炭黑 Super-P 与钌纳米颗粒制备 Ru@Super-P 复合材料、钌/铜纳米颗粒/石墨烯复合材料及掺氮石墨烯/镍纳米颗粒复合材料等制备锂二氧化碳电池阴极、非质子型锂二氧化碳电化学的基本反应机理、离子液体/二甲基亚砜作为电解液的电池系统等。

（三）干细胞

干细胞是具有自我更新能力、在特定条件下可以分化成不同类型功能细胞的一类原始细胞。1981 年，干细胞研究的突破直接促成了再生医学理论的诞生。当前，干细胞与再生医学已成为生物医学研究中最受瞩目的研究领域，将带来新的医学革命，为退行性疾病、自身免疫性疾病、慢性损伤等各类难治性疾病的治疗带来了新希望。2012 年的诺贝尔生理学或医学奖授予在体细胞核移植和诱导性多能干细胞方面做出杰出贡献的英国科学家约翰·格登和日本科学家山中伸弥，彰显了干细胞研究的重要性。

表 3-13　锂/钠电池研究领域群中新兴研究领域

研究领域名称	提取关键词	研究领域ID	研究前沿数/个	核心论文数/篇
锂二氧化碳电池研究	锂二氧化碳电池、可逆四电子转移、锰金属有机骨架、晶体结构、钌铜纳米粒子、长循环寿命、镍纳米粒子、掺氮石墨烯、二氧化碳固定、储能	805	4	13

1. 总体趋势分析

科学结构图谱 2012~2017、2014~2019 中包含干细胞论文的研究领域分布如图 3-10 所示。2012~2017 年有 72 个研究领域与干细胞相关，2014~2019 年有 69 个。

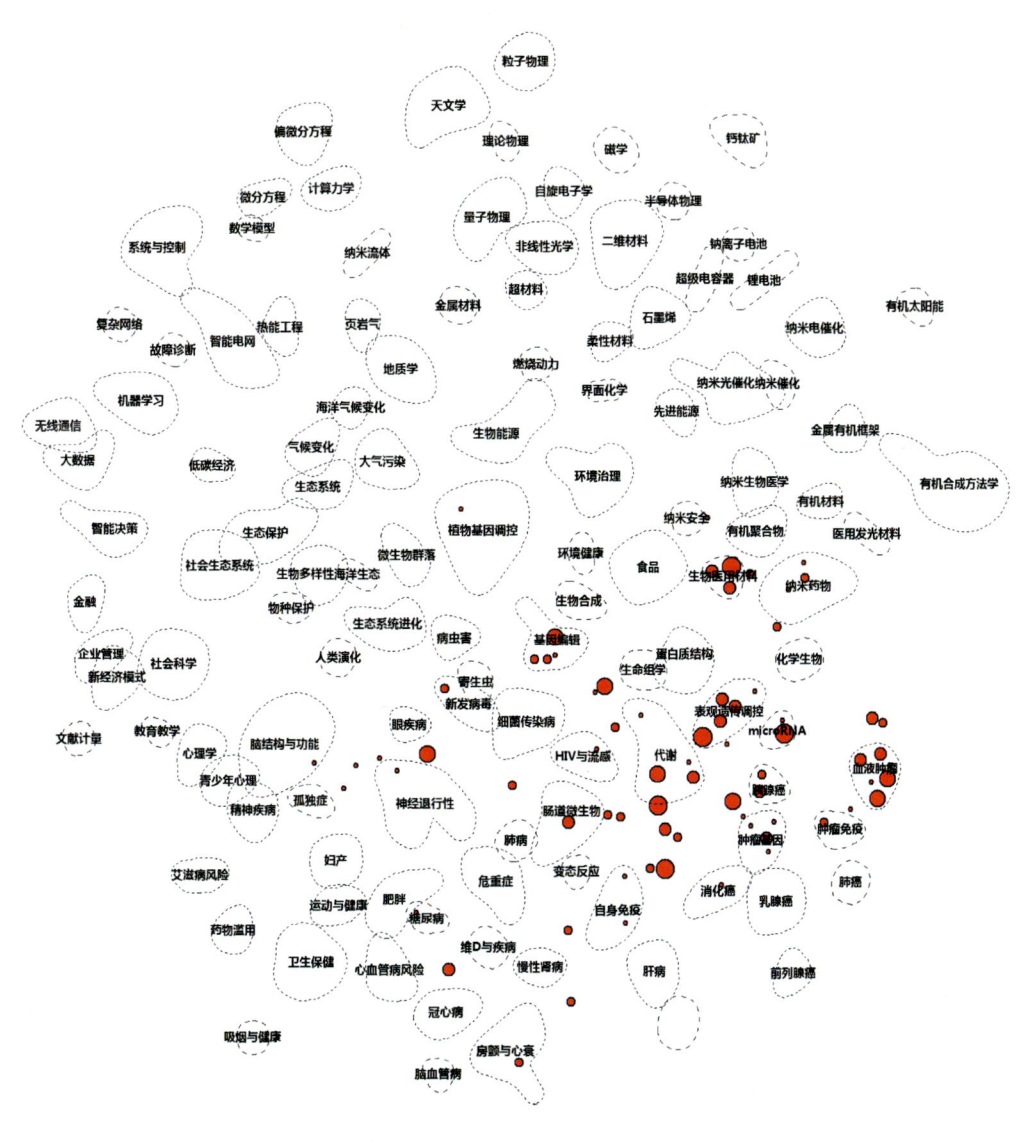

(a) 科学结构图谱2012~2017

图 3-10　干细胞相关研究领域在两期科学结构图谱中的分布

(b) 科学结构图谱2014～2019

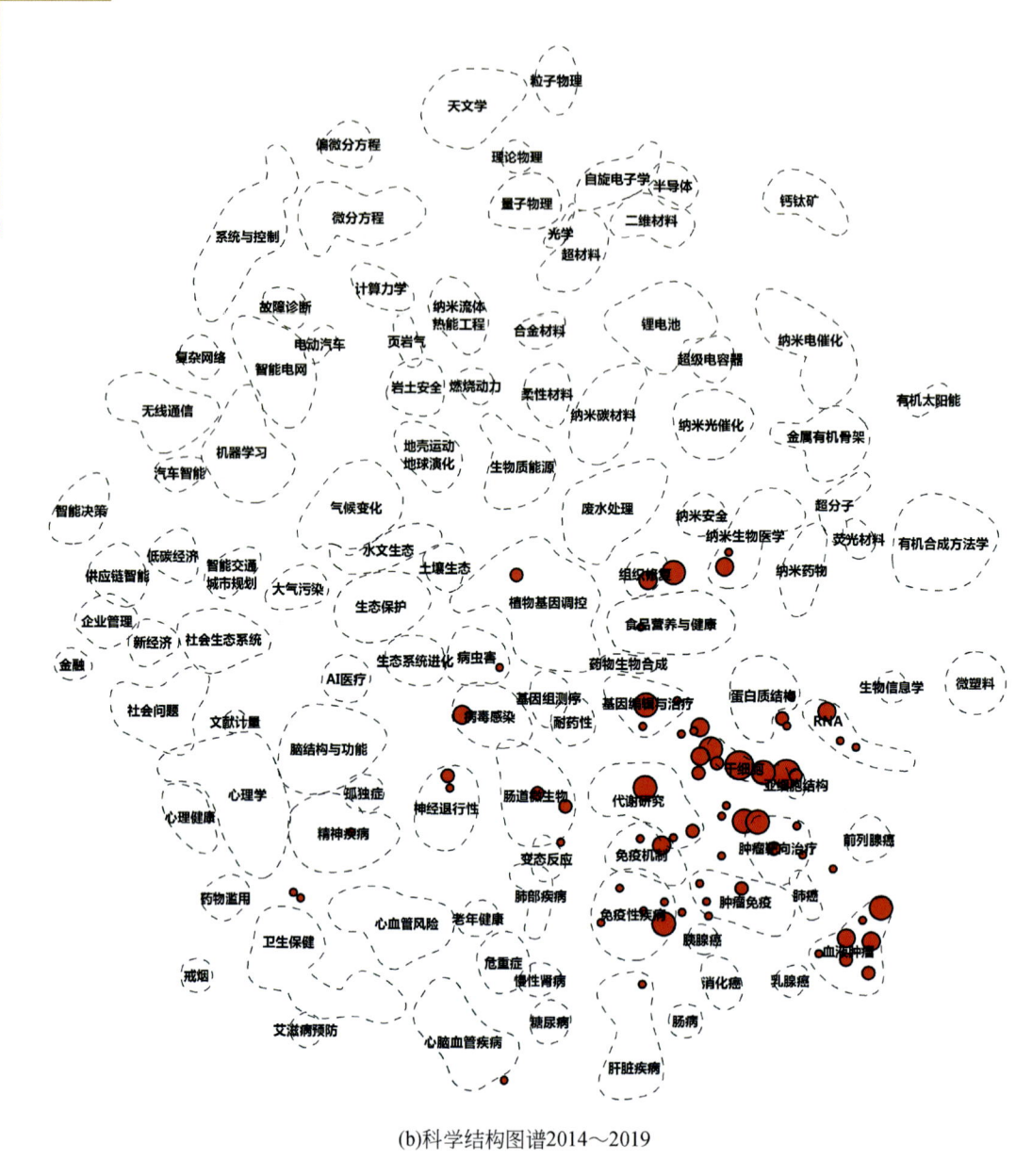

图3-10 干细胞相关研究领域在两期科学结构图谱中的分布（续）

从图3-10的干细胞相关研究领域分布情况看，2014～2019年干细胞相关研究领域数量与2012～2017年基本持平，所对应的研究领域群数量增加。2014～2019年覆盖14个研究领域群，2012～2017年覆盖9个。在这两个时期，"肿瘤基因突变与靶向治疗""血液肿瘤""基因编辑与治疗"3个研究领域群覆盖率都较高。2014～2019年新增的覆盖率较高的研究领域群是"干细胞功能研究"及"代谢研究"，并且"免疫性疾病""肿瘤免疫治疗"两个研究领域群的覆盖率和2012～2017年相比有明显提升，显示出干细胞研究与免疫学研究交叉融合的重要趋势。两期科学结构图谱中包含干细胞相关研究领域数量排名前 5 的研究领域群及其包含的研究领域数量见表 3-14。

表 3-14　两期科学结构图谱中包含干细胞相关研究领域数量排名前 5 的研究领域群及其包含的研究领域数量

科学结构图谱		血液肿瘤	表观遗传学	基因编辑与治疗	肿瘤基因突变与靶向治疗	纳米药物
科学结构图谱 2012～2017	研究领域群	血液肿瘤	表观遗传学	基因编辑与治疗	肿瘤基因突变与靶向治疗	纳米药物
	研究领域数量 / 个	6	5	4	4	3
科学结构图谱 2014～2019	研究领域群	血液肿瘤	干细胞功能研究	免疫性疾病	胰腺癌	代谢研究
	研究领域数量 / 个	7	6	5	4	3

科学结构图谱 2014～2019 包含干细胞相关论文数量最多的前 10 个研究领域见表 3-15。这些领域的主要研究内容集中于各类干细胞在临床治疗中的应用，研究者通过对动物干细胞和人类干细胞移植技术的研究，探索干细胞移植用于治疗急性髓细胞性白血病以及多发性骨髓瘤等恶性血液肿瘤和其他血液系统疾病的可行性和效果。这些研究旨在验证并改进干细胞移植在血液病治疗方面的优势和潜力。

表 3-15　科学结构图谱 2014～2019 包含干细胞相关论文数量最多的前 10 个研究领域

研究领域 ID	研究领域名称	论文数量 / 篇
441	间充质干细胞在临床治疗中的作用	48
20	动物干细胞在临床治疗和药物开发中的应用	36
318	人类胚胎干细胞衍生的心肌细胞再生	25
226	急性髓细胞性白血病的治疗	25
792	基质细胞纤维化与肿瘤	21
655	造血干细胞稳态的维持及其在造血过程中的功能	21
184	肝癌靶向治疗的靶点研究	20
364	造血干细胞的移植	20
1223	多发性骨髓瘤的治疗方法	18
811	恶性血液系统疾病的化疗与免疫治疗	17

2. 主要演变轨迹流分析

科学结构图谱 2014～2019 中与干细胞相关论文数量最多的研究领域"间充质干细胞在临床治疗中的作用"（ID441）的演变轨迹流如图 3-11 所示。ID441 主要来自上期微 RNA（miRNA）（ID916）研究领域，越来越多的研究工作关注间充质干细胞（MSC）成骨分化过程中 miRNA 的调控作用和调控机制。

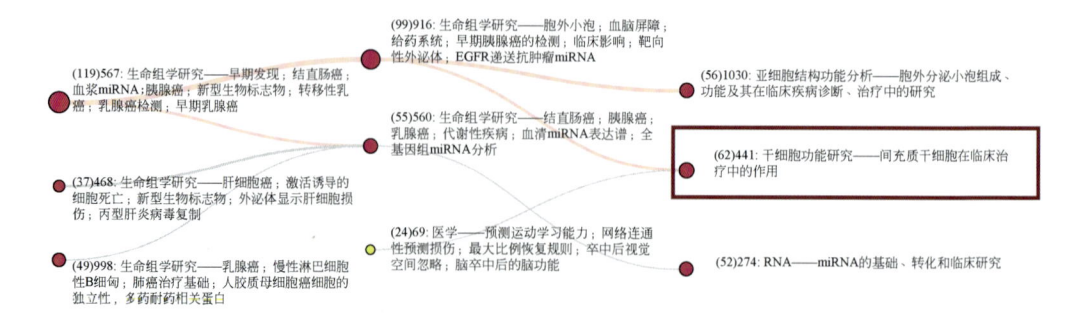

图 3-11 "间充质干细胞在临床治疗中的作用"演变轨迹流

图 3-12 包含了 2014~2019 年与干细胞相关的 5 个研究领域："恶性血液系统疾病的化疗与免疫治疗"（ID811）、"不同类型淋巴瘤治疗方案"（ID535）、"淋巴瘤基因突变与治疗方法"（ID305）、"伊马替尼治疗儿童慢性髓细胞性白血病与其心脏风险"（ID32）和"激酶突变与急性粒细胞白血病预后相关性"（ID202）。这 5 个研究领域由 2012~2017 年"血液肿瘤"研究领域群的 5 个研究领域 ID156、ID119、ID728、ID594 和 ID677 发展而来，说明在 2012~2019 年，干细胞始终是淋巴瘤治疗、白血病治疗研究的重要研究方向。

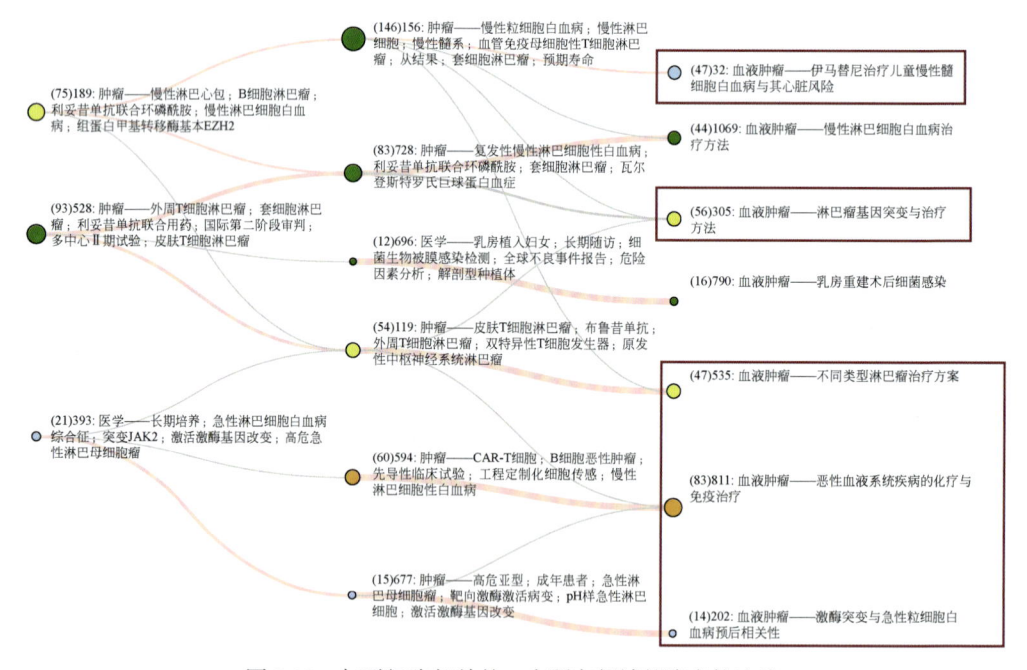

图 3-12 与干细胞相关的 5 个研究领域的演变轨迹流

3. 新研究热点分析

在本期科学结构图谱中，干细胞研究领域出现了 4 个新的研究热点，包括"肿瘤的液体活检""长非编码 RNA 与人体疾病发生的相关性分析""单细胞 RNA 测序及操作技术研究""心肌缺血再灌注损伤与肠道微生物"（表3-16）。肿瘤的液体活检是一种利用体液样本获取肿瘤疾病相关信息的技术，可以实现分子、亚细胞和细胞水平的肿瘤评估和监测，使肿瘤临床诊疗更具特异性和精准性，并且可实现早期诊断，提高患者的生存率。长非编码RNA（lncRNA）是指长度超过200个核苷酸、具有调控基因表达作用的非编码RNA。目前，长非编码RNA被认为是潜在的新型肿瘤标志物和未来肿瘤治疗的新靶点，在肿瘤诊断和治疗方面将具有良好的临床应用价值和前景，因此，长非编码RNA与人体疾病发生的相关性分析备受关注。单细胞测序是指在单个细胞的水平上对基因组、转录组、表观组进行高通量测序分析的技术。2011年和2013年，单细胞测序技术分别被《自然-方法》和《科学》列为年度最值得期待和关注的技术之一。再灌注治疗是有效保护缺血心肌免受梗死的有效方式，但是再次恢复供血后，常会发生心肌缺血再灌注损伤，因此，积极寻找心肌缺血再灌注损伤的机制及解决方法成为亟须解决的关键问题。有研究发现，心血管疾病与肠道菌群相互联系、相互作用，经抗生素干预后，能明显改善心肌损伤，因此心肌缺血再灌注损伤与肠道微生物成为新的研究热点。以上4个研究热点为干细胞基础研究和干细胞治疗提供了新的路径和技术手段。

表3-16 干细胞新兴研究领域

研究领域名称	提取关键词	研究领域ID	研究前沿数/个	核心论文数/篇
肿瘤的液体活检	循环肿瘤细胞、游离DNA、预后评估、个性化检测、药敏检测、测序	278	19	58
长非编码RNA与人体疾病发生的相关性分析	长非编码RNA、精神分裂症、选择性剪接、心肌梗死、神经系统发育、心脏成纤维细胞、复制调控、翻译	336	11	64
单细胞RNA测序及操作技术研究	单细胞、单细胞测序、单细胞转录组、单细胞表达谱、单细胞分子图	417	30	88
心肌缺血再灌注损伤与肠道微生物	心脏缺血再灌注损伤、线粒体功能障碍、钙超载、糖尿病性心肌病、帕金森病间充质干细胞、创伤后心功能不全、心交感神经活动、心肌梗死、激活素受体样激酶、氧化应激损伤	1216	3	49

第四章 研究领域的学科交叉性、新颖性以及对技术创新的影响

本章对研究领域做进一步深入分析，分析研究领域的学科交叉性，识别新兴热点研究领域，并且将论文与专利关联分析，识别对技术创新有影响的研究领域。

> 从学科交叉度分析，本期科学结构图谱中学科交叉研究领域数量达到345个，比上期增加了63个。学科交叉研究领域主要集中在纳米科技、环境与生态中，包括"钙钛矿材料与器件""锂电池""二维材料和器件""纳米催化""储能材料与器件""纳米生物医学""纳米药物""废水处理""生态"[①]等；其次是与智能决策和智能控制相关的"系统与控制""无线通信""机器学习"中的部分研究等；医学与生物科学的学科交叉研究领域相对较少，主要在"肠道微生物与健康""心血管风险因素""抗生素耐药性""干细胞功能研究"等研究中零散分布。值得注意的是，在往期科学结构图谱中，天文学与粒子物理学研究领域群中几乎没有交叉研究领域，本期天文学与粒子物理学研究领域群中出现了几个学科交叉研究领域。
>
> 在本期科学结构图谱中，新兴热点研究领域共164个，与上期相比增加了67个，在医学和学科交叉研究领域中分布较集中，尤其是在学科交叉研究领域中，新兴热

---

① 此处的"生态"是表3-1中的"水文生态""生态保护""土壤生态"的总称，全书同。

点研究领域数量从上期的 11 个快速增加到本期的 57 个，说明学科交叉度高的研究领域相对容易产生新兴科学研究领域。三个最大的新兴热点研究领域分别是"超材料吸收体""微血管""尘埃抑制"相关研究，分别包含 54 篇、49 篇和 47 篇论文。

在本期科学结构图谱中，约 64% 的（852 个）研究领域含有被专利引用核心论文。超过 10 篇被专利引用核心论文的研究领域有 268 个，同上期科学结构图谱基本相同。与新兴热点研究领域相似，在学科交叉研究领域中被专利引用的研究领域数量增长快速，从上期的 6 个上升到本期的 74 个，这从一个侧面说明了学科交叉研究领域的科学研究对技术发展起到了更好的促进作用。被专利引用较多的研究领域主要是与工业结合紧密或者关系到人类生命健康的研究方向。其中，篇均被专利引用最高的研究领域为"基因编辑"中的"利用 CRISPR 等编辑技术进行人、动物基因组编辑"，126 篇核心论文中有 121 篇被专利引用，平均每篇论文被专利引用超过 58 次，是对技术影响最深的研究领域。其他篇均被专利引用较高的领域还包括肿瘤治疗、转基因作物、计算机视觉、量子计算等和工业界与人类健康关系紧密的研究前沿。

一、研究领域的学科交叉性

本节通过分析研究领域与 14 个学科之间的关系，确定了学科交叉研究领域与非学科交叉研究领域，并形象地展示了学科交叉研究领域在科学结构图谱上的分布，并引入了第三代学科多样性指标，度量研究领域的学科交叉度，考察研究领域所涉学科的多样性程度。

由于 ESI 的 22 个学科中生命科学相关学科较多，为了弱化生命科内部交叉，体现学科交叉均衡性，本书将 22 个学科归并为 14 个学科，如表 4-1 所示。

表 4-1　ESI 22 个学科与 14 个学科对应表

序号	ESI 22 个学科	14 个学科
1	农业科学	农业科学
2	生物与生物化学	生物科学
	微生物学	
	分子生物学与遗传学	
	植物学与动物学	
3	化学	化学
4	计算机科学	计算机科学
5	经济与商业	经济与商业

续表

序号	ESI 22 个学科	14 个学科
6	工程学	工程学
7	环境/生态学	地球科学与环境
	地球科学	
8	材料科学	材料科学
9	数学	数学
10	临床医学	医学
	免疫学	
	神经科学与行为科学	
	药理学与毒理学	
	精神病学/心理学	
11	跨学科科学	交叉学科
12	物理学	物理学
13	社会科学	社会科学
14	空间科学	空间科学

注：研究领域的学科交叉性判断：研究领域中只要有一个学科的核心论文比例大于60%，那么该研究领域属于该学科，否则，属于交叉学科。

按照研究领域的学科交叉性判断标准，计算出2014～2019年每个研究领域所属的学科领域，其中属于学科交叉研究领域共345个，相比2012～2017年增加了63个。学科交叉研究领域在科学结构图谱2014～2019上的分布情况如图4-1所示。图中展示了163个包含30篇以上论文的研究领域，比科学结构图谱2012～2017增加了19个。大量的学科交叉研究领域的出现说明当今科学发展的交叉性正在逐步增强。

图4-1中每个圆圈代表学科交叉研究领域，圆越大，代表论文数量越多。从图中可以看出，学科交叉研究领域首先集中在图谱的右上方纳米科技及中部的环境与生态，研究领域群包括"钙钛矿材料与器件""锂电池""二维材料和器件""纳米催化""超级电容器""纳米生物医学""纳米药物""废水处理""生态"等；其次集中于图谱的左上方，研究领域群主要包括"系统与控制""无线通信""机器学习""智能决策""低碳经济""供应链智能"等。图下半部分为医学与生物科学，学科交叉研究领域相对较少，主要在"肠道微生物与健康""心血管风险因素""抗生素耐药性""干细胞功能研究"等研究中零散分布。值得注意的是，在往期科学结构图谱中，天文学与粒子物理学研究领域群中几乎没有学科交叉研究领域，而本期天文学与粒子物理学研究领域群中出现了几个学科交叉研究领域。其中最大的两个研究领域群与"引力波

探测"和"火星探测"相关。

表 4-2 列举了学科交叉度排名前 20 的研究领域（至少包含 30 篇核心论文），学科交叉度高的研究领域（17 个）基本上都分布在图中热点区域的边缘或者外部（蓝色区域），没有在研究领域群中心位置。

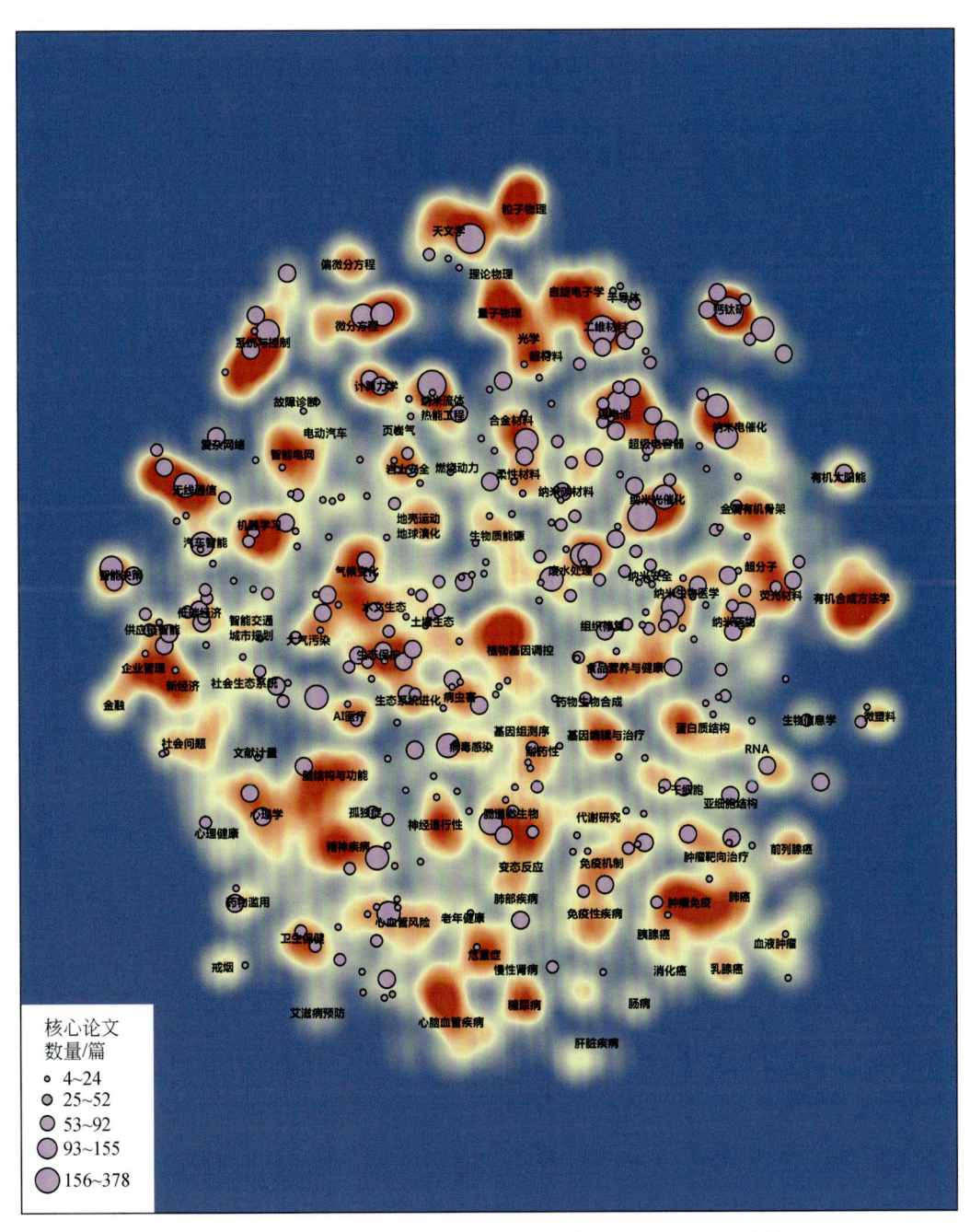

图 4-1　学科交叉研究领域在科学结构图谱 2014～2019 中的分布

表 4-2 学科交叉度排名前 20 的研究领域

研究领域 ID	研究领域群	研究领域名称	学科交叉度	总论文数/篇
7	机器学习	深度学习在多个领域的结合应用	4.43	53
590	—	膳食变化及影响	3.80	35
135	—	环境卫生和营养不良对儿童健康状况的影响	3.48	37
76	人类演化研究	早期现代人类	3.40	104
880	肠道微生物与健康	饮食对肠道微生物的影响	3.30	33
78	气候变化	共享社会经济路径下的全球气候变化研究	3.21	66
52	AI 医疗	基于深度学习的医学图像智能分析与辅助诊断研究	3.14	36
526	肠道微生物与健康	精神疾病与肠道微生物	3.13	137
312	社会生态系统	气候变化与粮食安全	3.12	61
130	大气污染	环境空气污染对人类健康的影响	3.10	37
461	3D 打印	新型 3D 打印技术在药品开发中的应用	3.07	118
20	干细胞功能研究	动物干细胞在临床疾病治疗、药物开发和临床研究中的应用	3.02	84
149	—	厌氧消化作用及微生物代谢过程和生理生化机制	2.98	85
466	低碳经济	城市化、工业化对能源消费和碳排放的影响	2.95	49
438	精神疾病	ω-3 脂肪酸地中海饮食对心血管及结直肠癌影响	2.93	42
496	废水处理	环境中双酚类似物的来源、毒性和生物积累	2.91	39
911	生物信息学方法	计算机生物信息学方法对生物学过程中顺式及反式作用元件的预测分析	2.91	42
922	动植物病虫害防治	侵袭性真菌感染的诊断与治疗方法研究	2.91	63
725	供应链智能管理	大数据在服务和制造业中的应用	2.89	86
1034	—	水力压裂和非常规油气开发对水资源和公众健康的影响评估	2.89	31

二、新兴热点研究领域

新兴热点研究领域代表该领域正快速进入科研人员的视线。由于这些研究领域均由 ESI 高被引论文组成，因此形成热点前沿领域，更有希望随着时间推移形成一个新的研究趋势。本节通过分析科学结构图谱中前后两期研究领域是否有重叠关系，确定新兴热点研究领域，并在图中根据位置、大小形象地展示新兴热点研究领域在科学结构图谱中的分布。

新兴热点研究领域判断方法：科学结构研究领域包含的核心论文与前期科学结构研究领域的核心论文没有重合，表明该研究领域是由全新高被引论文组成，即为新兴热点研究领域。

科学结构图谱2014～2019新兴热点研究领域共164个，比科学结构图谱2012～2017的97个有明显增加，如表4-3所示。医学和交叉学科包含新兴热点研究领域最多，分别有28个和57个。其他学科包含新兴热点研究领域较多的有生物科学（16个）、工程学（17个）、社会科学（14个）。其中交叉学科中新兴热点研究领域增加快速，从11个增加到57个，也进一步印证了当今科学中新兴研究领域更可能从学科交叉度高的研究领域中诞生。图4-2显示医学领域中新兴热点研究领域多分布在密度较弱的"海洋"中，特别是一些较小的新兴热点研究领域。包含新兴热点研究领域最多的为"合金材料""柔性材料与器件""石墨烯""岩土安全""病毒感染""肠道微生物与健康"等研究领域群。

表4-3　两期科学结构图谱新兴热点研究领域学科分布

	学科	农业科学	生物科学	化学	计算机科学	经济与商业	工程学	地球科学与环境
科学结构图谱 2012～2017	数量/个	4	13	7	2	2	9	6
	学科	材料科学	数学	医学	交叉学科	物理学	社会科学	空间科学
	数量/个	4	2	26	11	1	10	0
科学结构图谱 2014～2019	学科	农业科学	生物科学	化学	计算机科学	经济与商业	工程学	地球科学与环境
	数量/个	4	16	9	2	1	17	9
	学科	材料科学	数学	医学	交叉学科	物理学	社会科学	空间科学
	数量/个	2	5	28	57	0	14	0

新兴热点研究领域包含的核心论文数普遍较少，其中核心论文数量多于等于20篇的研究领域只有17个。规模较大的新兴热点研究领域有3个，分别为与材料相关的"纳米材料在光催化和传感中的应用与研究"研究、"肠道微生物与健康"研究领域群中的"心肌缺血再灌注损伤与肠道微生物"研究、"岩土安全"研究领域群中的"矿山粉尘与瓦斯控制"研究。核心论文量排名前20的新兴热点研究领域详情见表4-4。图4-2显示，绝大多数新兴热点研究领域分布在图中热点区域的边缘或者

外部，说明它们与其他研究领域共被引关系较弱，可能由研究内容新颖度较高所致。新兴热点研究领域包含论文较少、位于图中热点区域边缘或者外部也符合新研究领域的特点。

表 4-4　核心论文数量排名前 20 的新兴热点研究领域

研究领域 ID	研究领域群	研究领域名称 / 关键研究点	核心论文数 / 篇	总被引次数 / 次
247	—	纳米材料在光催化和传感中的应用与研究	54	1230
1216	肠道微生物与健康	心肌缺血再灌注损伤与肠道微生物	49	2371
720	岩土安全	矿山粉尘与瓦斯控制	47	1374
880	肠道微生物与健康	饮食对肠道微生物的影响	33	860
522	无线通信	利用智能算法优化移动传感器性能	32	883
492	智能电网	新型电机制造与设计	27	1017
1262	机器学习	用户推荐与用户隐私	26	1667
347	—	重金属污染对生物体健康的影响	25	817
891	—	铣削技术	25	1370
837	—	区块链应用	24	1002
1003	废水处理	污染湿地土壤的修复	24	2151
1066	—	排放治理与深度净化技术	23	890
688	肺部疾病	严重哮喘的表型特征与发病机制研究	22	941
158	岩土安全	智能化废矿回填、建筑物火灾	21	483
111	陶瓷材料	放电等离子体烧结对陶瓷结构及性能的影响	20	463
733	系统与控制	协作控制与优化在机器人操纵中的应用	20	722
1208	—	管理与经济学领域的文献计量学分析	20	827
647	—	地热资源的开发	19	702
1188	—	灰色系统理论在能源产出与经济分析中的应用	19	440
181	社会问题研究	中国的"一带一路"倡议与国际秩序的演变	18	688

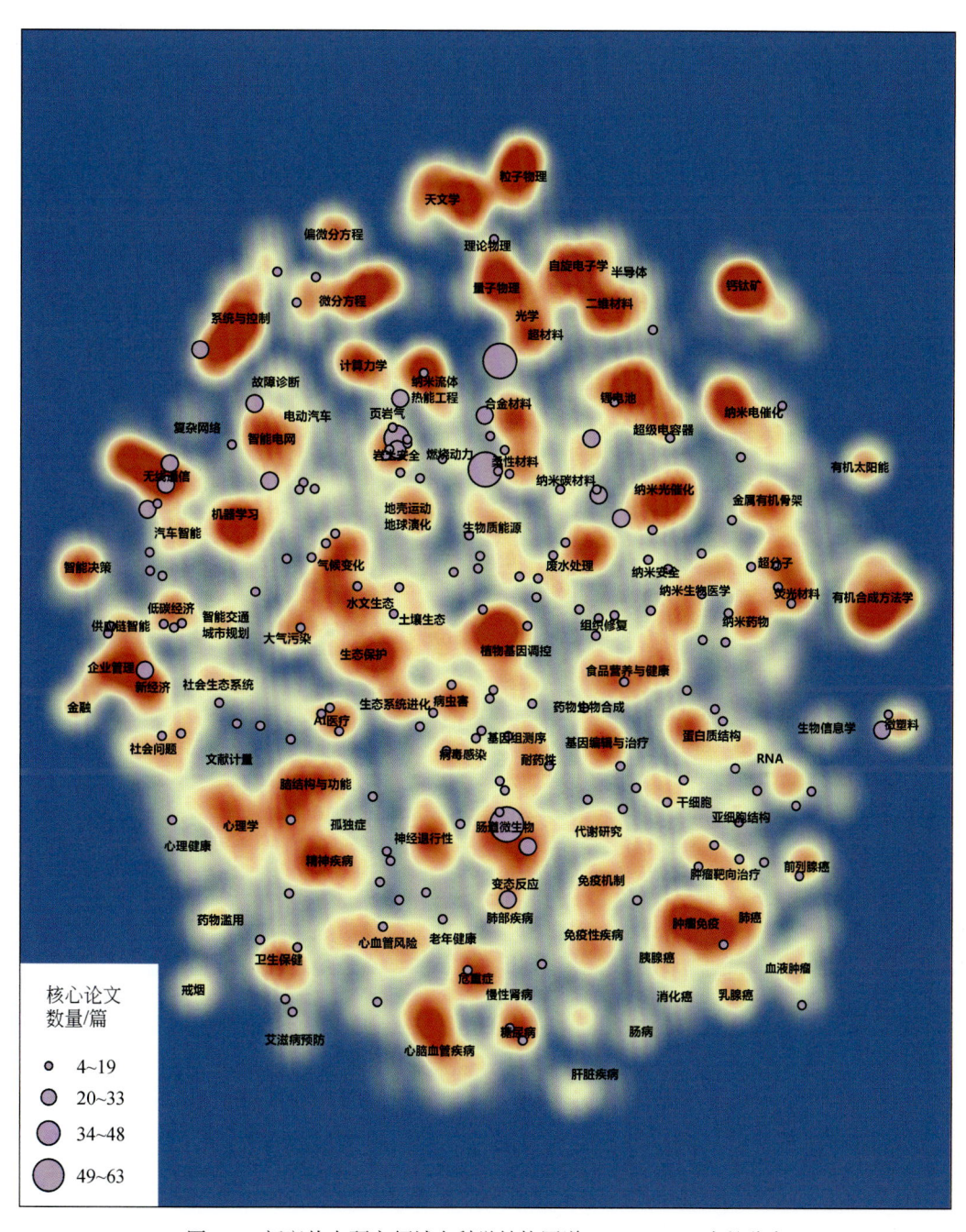

图 4-2　新兴热点研究领域在科学结构图谱 2014～2019 中的分布

三、对技术创新有影响的研究领域

科技论文被专利引用说明该论文的科学研究对技术创新有一定的影响和贡献。本节通过研究领域中被专利引用核心论文情况，分析各研究领域对技术的影响，并在科学结构图谱中形象地展示出这些研究领域的分布与被专利引用的份额。

科学结构图谱2014~2019中共有864个研究领域中的核心论文被专利引用，约占研究领域总数的64.8%。大部分研究领域中被专利引用核心论文数很少，本书选择了至少含有10篇被专利引用核心论文的研究领域（共268个）进行统计分析，数量同科学结构图谱2012~2017中被专利引用核心论文的研究领域基本一致。

科学结构图谱2012~2017研究领域中被专利引用核心论文所属学科最多的为医学、生物科学和化学，分别有98个、58个和49个；材料科学、物理学和工程学各有21个、19个和15个（表4-5）。同科学结构图谱2012~2017中被专利引用核心论文的研究领域的学科分布相比，科学结构图谱2014~2019中化学、生物科学、材料科学中被专利引用的研究领域数量有了明显的下降，而交叉学科研究领域中被专利引用的数量从6个增加到74个，这从侧面说明了交叉学科的研究对技术发展起到了更好的促进作用。

表4-5 被专利引用核心论文的研究领域学科分布

	学科	农业科学	生物科学	化学	计算机科学	经济与商业	工程学	地球科学与环境
科学结构图谱 2012~2017	数量/个	0	58	49	5	0	15	1
	学科	材料科学	数学	医学	交叉学科	物理学	社会科学	空间科学
	数量/个	21	0	98	6	19	0	0
科学结构图谱 2014~2019	学科	农业科学	生物科学	化学	计算机科学	经济与商业	工程学	地球科学与环境
	数量/个	1	36	29	4	0	9	2
	学科	材料科学	数学	医学	交叉学科	物理学	社会科学	空间科学
	数量/个	10	0	90	74	13	0	0

图4-3绘制了268个被专利引用核心论文的研究领域在科学结构图谱中的分布情况。图中可见，被专利引用核心论文较多的研究领域主要集中在与工业结合紧密或者关系到人类健康的研究方向，如图右上侧的"超材料""二维材料和器件""锂电池""柔性材料与器件""有机合成方法学""纳米电催化"等研究领域群。还有图左侧与数学、计算机科学与工程学相关的"无线通信""机器学习"等研究领域群。此外，在图中部和下部与人类疾病与健康相关的研究方向是被专利引用最多的区域，包括"肿瘤免疫""血液肿瘤""基因编辑与治疗"等，这些方向的研究向技术转换已经形成了一定规模。

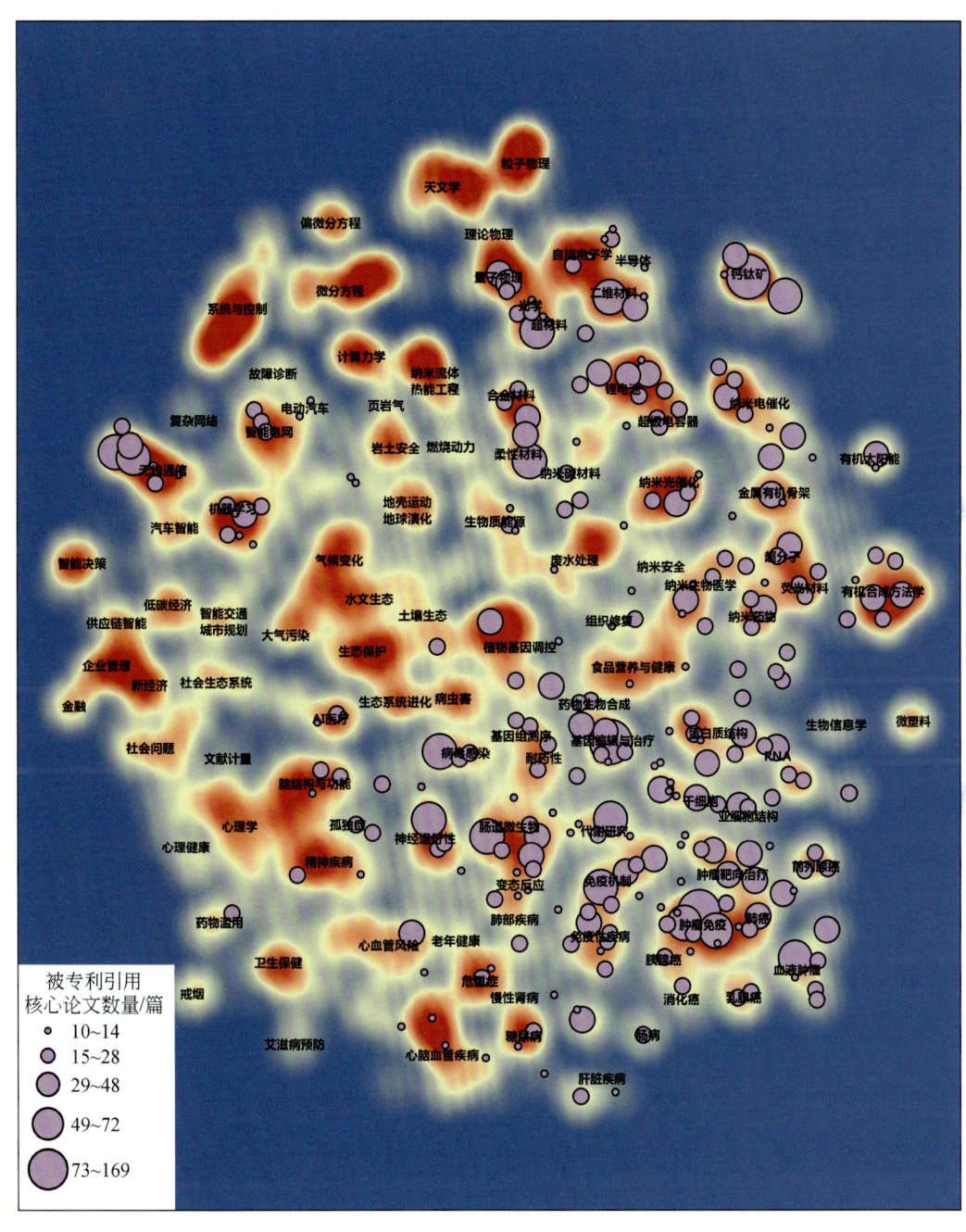

图 4-3　对技术创新有影响的研究领域在科学结构图谱 2014～2019 中的分布

　　在对技术创新有影响的研究领域中，被专利引用核心论文数最多的研究领域是"钙钛矿材料的制备及其在电池及发光二极管中的应用"，有 169 篇被专利引用核心论文。篇均被专利引用量最高的研究领域是"基因编辑与治疗"中"CRISPR-Cas9 基因编辑内切酶"的研究，共有 126 篇核心论文，其中有 121 篇被专利引用，平均每篇论文被专利引用超过 58 次，是对技术影响较深的研究领域。其他被专利引用核心论文数较多的研究领域还有"肿瘤免疫治疗""柔性材料与器件""肠道微生物与健康""无线通信"等多个和工业与人类健康关系紧密的前沿领域（表 4-6）。

表 4-6 被专利引用核心论文数排名前 20 的研究领域

研究领域 ID	研究领域群	研究领域名称	被专利引用核心论文数/篇	施引专利家族数/个	核心论文数/篇
240	钙钛矿材料与器件	钙钛矿材料的制备及其在电池及发光二极管中的应用	169	758	378
264	基因编辑与治疗	CRISPR-Cas9 基因编辑内切酶	121	5452	126
155	肿瘤免疫治疗	肿瘤免疫治疗作用机制	102	531	147
117	病毒感染	寨卡病毒及登革热病毒	72	344	119
811	血液肿瘤	恶性血液系统疾病化疗与免疫治疗	70	861	83
555	肿瘤免疫治疗	PD-1/PD-L1 免疫检查点疗法适应证	68	355	136
409	柔性材料与器件	柔性可穿戴电子设备的设计和制造	67	256	155
566	二维材料和器件	二维范德瓦尔斯材料	67	189	197
526	肠道微生物与健康	精神疾病与肠道微生物	65	193	137
1	肿瘤免疫治疗	PD-1/PD-L1 免疫检查点疗法响应率的影响因素	63	690	94
148	代谢研究	细胞衰老：从生理学到病理学	59	220	101
611	超材料	超表面与超透镜	55	252	119
1154	钙钛矿材料与器件	钙钛矿发光二极管	55	256	124
14	无线通信	5G 网络中寻址与信道分配研究	55	128	150
188	神经退行性疾病	阿尔茨海默病发病机制与小胶质细胞异常	54	139	132
769	免疫生物学机制	炎症、自噬与铁死亡	53	148	125
74	无线通信	多项 5G 网络中关键技术综述	50	338	109
8	代谢研究	线粒体和癌症	48	130	82
974	肿瘤基因突变与靶向治疗	PROTAC 介导的降解技术研发肿瘤药物	47	424	67
1001	金属有机骨架	金属有机骨架材料的制备、性质及应用研究	47	153	133

第五章 中国及其他代表性国家科学研究活跃度

本章选取中国及其他有代表性的 11 个发达国家和发展中国家（包括美国、英国、德国、法国、日本、澳大利亚、韩国、俄罗斯、印度、巴西、南非）作为主要研究对象，采用核心论文和施引论文份额指标分析这些国家的整体科研活跃度，以及在学科交叉研究领域、新兴热点研究领域及对技术创新有影响的研究领域中的科研活跃度。本书选取分数计数法作为国家论文份额计算的方法。

> 观察中国：
>
> 中国的核心论文份额稳居世界第二位，且依旧保持强劲的增长势头，同时与排名第一的美国的差距在加速减小；较科学结构图谱 2010～2015 中的数据，增长 9.5 个百分点，增幅超过 80%。除澳大利亚外，代表性国家中的发达国家整体核心论文份额呈下降趋势，发展中国家呈上升趋势。本期科学结构图谱中，自 2018 年开始，中国年度核心论文份额超过美国，尤其是到了 2019 年，中国核心论文份额超过美国 10 个百分点，达到 32.8%。中国年度核心论文份额在 2015 年约为英国的 2 倍、德国的 3 倍，2017 年约为英国的 3 倍、德国的 4 倍，2019 年约为英国的 6 倍、德国的 8 倍。
>
> 中国科研优势研究领域逐步稳固，与美国形成了明显的互补关系。中国优势研究领域主要涵盖"纳米科技""计算机与工程""环境治理"等，中国在"医学""社会科学""经济与商业""生物科学"4 个学科中优势研究领域所占份额相对较少。

中国的研究领域覆盖率从世界排名第五位上升到第三位，且覆盖率呈现显著上升趋势，覆盖率从66.7%上升到78.6%。核心论文份额高于12%的覆盖率，同样呈现增长态势，从23.3%增长到39.2%，增幅明显高于研究领域覆盖率的上升幅度。新增研究领域的覆盖率也有明显增长，从48.3%增长到66.7%。但本期科学结构图谱中，中国还有21.4%的研究领域没有发文；核心论文份额7%～12%和3%～7%两个区间占比均低于10%，分别为8.0%和9.4%；核心论文份额1%～3%与0%～1%两个区间占比略高于10%，分别为11.1%和10.9%。

中国在新兴热点研究领域增长势头明显，数量增幅达到120%。美国、中国和英国在新兴热点研究领域覆盖范围有明显的差异。美国主要集中在生命科学等方面，且优势较为明显。中国主要分布在"无线通信""岩土安全""废水处理""荧光生物医用材料""纳米安全"等方面。英国主要分布在"低碳经济""社会问题"等方面。

中国在对技术创新有影响的研究领域数量稳中有升，被专利引用核心论文占所有研究领域中被专利引用总核心论文的比例从17%增长到25%。中国对创新影响大的研究领域群是"无线通信""机器学习""纳米光催化""纳米电催化""锂电池"。值得注意的是，美国在对技术创新有影响的研究领域中占绝对的优势，在中国表现活跃的研究领域中，美国被专利引用的核心论文份额依旧占很大的比例，如与"无线通信""机器学习"相关的研究领域，而美国占优势的生命科学领域中，中国鲜有论文被专利引用。

一、中国及代表性国家整体科研活跃度时序发展

（一）核心论文份额分析

图5-1显示了近三期科学结构图谱在全部研究领域中核心论文份额排名世界前30位的国家或地区变化情况。结合中国及代表性国家在近三期核心论文份额及排名变化分析（表5-1），美国的核心论文份额依旧居世界第一位，但是呈现明显的下降趋势，与2010～2015年相比，2014～2019年在世界的核心论文份额下降了7.3个百分点，降幅接近20%。中国的核心论文份额稳居世界第二位，在与排名第一的美国的差距加速减小的同时，依旧保持强劲的增长势头，2014～2019年比2010～2015年增长9.5个百分点，增幅超过80%。英国、德国、法国、日本的核心论文份额均有所下降，下降范围在0.6～1.4个百分点。其中英国、德国分列世界第三、第四位，三期排名没有变化，但德国的降幅为22.8%，远高于英国7.8%的降幅。法国、日本三期的排名均有所下降，其中法国世界排名连续下降3位，从2010～2015年的第5位下降到2014～2019

年的第 8 位，核心论文份额降幅为 22.8%；日本世界排名从 2010～2015 年的第 9 位下降到 2012～2017 年的第 10 位，2014～2019 年依旧维持在第 10 位，但与第一期相比，核心论文份额降幅高达 21.5%。澳大利亚核心论文份额呈现增长趋势，且增长速度较快，达到 14.5%，排名上升 2 位，居世界第 5 位，略高于世界排名第 6 的加拿大。韩国的世界排名维持在第 13 位，但其份额略有下降，降幅为 2.7%。作为金砖国家的成员国，与其他代表性国家/地区相比，印度、巴西、俄罗斯、南非 4 个国家的核心论文份额均有所上升，且增幅接近或超过 20%，但从总量上来看仍处于相对较低的水平，排名也相对靠后，仅印度、巴西进入了世界排名前 30 位。其中，印度核心论文份额超过 1%，增幅为 34%，世界排名上升 3 位，居第 15 位；巴西核心论文份额

2010～2015年核心论文份额/%		2012～2017年核心论文份额/%		2014～2019年核心论文份额/%	
美国	37.0	美国	34.5	美国	29.7
中国	11.5	中国	14.1	中国	21.0
英国	7.4	英国	7.2	英国	6.8
德国	6.3	德国	5.5	德国	4.9
法国	3.4	加拿大	3.2	澳大利亚	3.3
加拿大	3.4	澳大利亚	3.2	加拿大	2.9
澳大利亚	2.9	法国	3.1	意大利	2.6
意大利	2.7	意大利	2.7	法国	2.6
日本	2.6	荷兰	2.3	荷兰	2.2
荷兰	2.4	日本	2.3	日本	2.0
西班牙	2.2	西班牙	2.1	西班牙	1.8
瑞士	1.9	瑞士	1.7	瑞士	1.7
韩国	1.5	韩国	1.4	韩国	1.4
新加坡	1.1	伊朗	1.3	伊朗	1.4
瑞典	1.0	印度	1.1	印度	1.3
比利时	1.0	新加坡	1.1	瑞典	1.1
丹麦	1.0	瑞典	1.1	新加坡	1.0
印度	1.0	比利时	1.0	比利时	0.9
伊朗	0.9	丹麦	0.9	沙特阿拉伯	0.8
中国台湾	0.6	沙特阿拉伯	0.7	丹麦	0.7
奥地利	0.6	巴西	0.6	巴西	0.6
以色列	0.5	中国台湾	0.6	奥地利	0.5
芬兰	0.5	以色列	0.5	土耳其	0.5
土耳其	0.5	奥地利	0.5	中国台湾	0.5
巴西	0.4	挪威	0.5	挪威	0.5
挪威	0.4	芬兰	0.5	以色列	0.5
爱尔兰	0.4	土耳其	0.4	芬兰	0.4
希腊	0.4	爱尔兰	0.4	马来西亚	0.4
葡萄牙	0.4	葡萄牙	0.4	葡萄牙	0.4
沙特阿拉伯	0.3	马来西亚	0.4	波兰	0.4

图 5-1　近三期科学结构图谱在全部研究领域中核心论文份额排名世界前 30 位的国家或地区变化情况

增幅接近50%，世界排名上升4位，居第21位；俄罗斯核心论文份额增幅接近20%，居第34位；南非核心论文份额增幅接近40%，世界排名上升2位，居第33位。

综上发现，除澳大利亚外，代表性国家中的发达国家整体核心论文份额呈下降趋势，发展中国家呈上升趋势。中国、巴西核心论文份额上升幅度较大，增幅接近或超过50%。南非、印度、俄罗斯增幅次之，增幅接近或超过20%。澳大利亚核心论文份额有所增加，增幅接近15%。德国、日本、法国核心论文份额降幅均超过20%，下降幅度较大。美国降幅次之，接近20%。英国、韩国降幅在10%以内，下降幅度相对较小。

表 5-1 中国及代表性国家近三期核心论文份额及排名变化

时期	数量份额	美国	中国	德国	英国	日本	法国	澳大利亚	韩国	印度	巴西	俄罗斯	南非
2010~2015年	论文数量/篇（共44 495篇）	16 483.3	5 107.2	2 793.1	3 304.1	1 157.8	1 521.4	1 288.8	652.6	432.8	190.9	117.2	103.9
	份额/%	37.0	11.5	6.3	7.4	2.6	3.4	2.9	1.5	1.0	0.4	0.3	0.2
	排名	1	2	4	3	9	5	7	13	18	25	34	35
2012~2017年	论文数量/篇（共46 405篇）	16 029.4	6 550.2	2 574.0	3 341.1	1 076.5	1 457.9	1 479.3	663.4	504.7	268.5	143.0	126.1
	份额/%	34.5	14.1	5.5	7.2	2.3	3.1	3.2	1.4	1.1	0.6	0.3	0.3
	排名	1	2	4	3	10	7	6	13	15	21	33	36
2014~2019年	论文数量/篇（共50 767篇）	15 067.6	10 678.7	2 464.0	3 475.1	1 036.6	1 340.3	1 683.0	725.7	659.1	322.4	157.9	162.2
	份额/%	29.7	21.0	4.9	6.8	2.0	2.6	3.3	1.4	1.3	0.6	0.3	0.3
	排名	1	2	4	3	10	8	5	13	15	21	34	33
分析比较	增长率/%（同上一期比较）	-14.1	48.9	-12.6	-4.9	-12.1	-15.9	4.1	0.0	19.3	10.3	0.0	18.5
	增长率/%（同第一期比较）	-19.9	83.2	-22.8	-7.8	-21.5	-22.8	14.5	-2.7	34.0	48.8	19.2	39.1
	排名变化（同第一期比较）	0	0	0	0	↓1	↓3	↑2	0	↑3	↑4	0	↑2

图 5-2 显示了近三期科学结构图谱内中国及代表性国家核心论文份额的年度变化情况。在每个时期内，美国的核心论文份额均呈现下降趋势，从 2010 年的 40.9% 下降到 2019 年的 22.1%，但总量仍稳居世界首位。

中国科研发展迅猛，在三期中年均份额分别为 11.5%、14.4%、20.7%，核心论文份额稳居世界第二，与美国的差距逐步减小；同时，从总量来看，中国与除美国外的其他国家相比优势也在逐步拉大。在本期科学结构图谱中，自 2018 年开始，中国年度核心论文份额开始超过美国，尤其是到了 2019 年，超过美国近 11 个百分点，达到 32.8%。中国年度核心论文份额在 2015 年约为英国的 2 倍、德国的 3 倍，2017 年约为英国的 3 倍、德国的 4 倍，2019 年约为英国的 6 倍、德国的 8 倍。

英国核心论文份额略有下降，但总体发展水平稳定，每个时期内的总趋势基本一致，每个年度的核心论文份额基本保持在 7% 左右，2019 年份额最低，为 5.1%。德国核心论文份额降幅高于英国，三期年均份额分别为 6.3%、5.5%、4.9%。日本、法国、韩国核心论文份额也有所下降，与其他代表性国家的差距在逐渐缩小。澳大利亚增幅明显，三期年均份额分别为 2.9%、3.2%、3.3%。其他国家总体增幅明显，但所占世界份额仍相对较小。

(a)2010~2015年

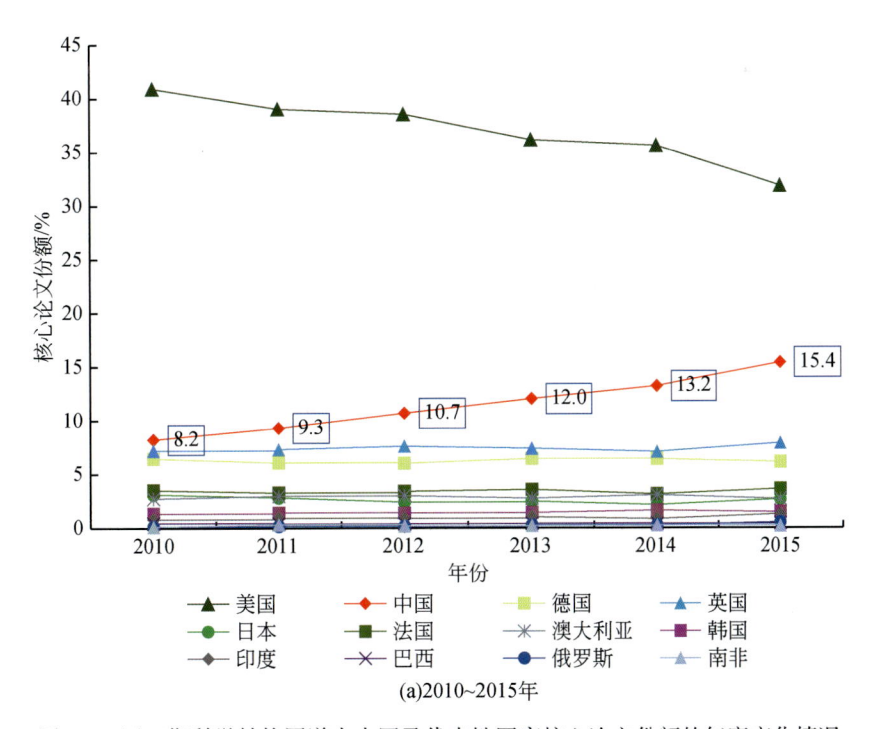

图 5-2 近三期科学结构图谱内中国及代表性国家核心论文份额的年度变化情况

(b)2012~2017年

(c)2014~2019年

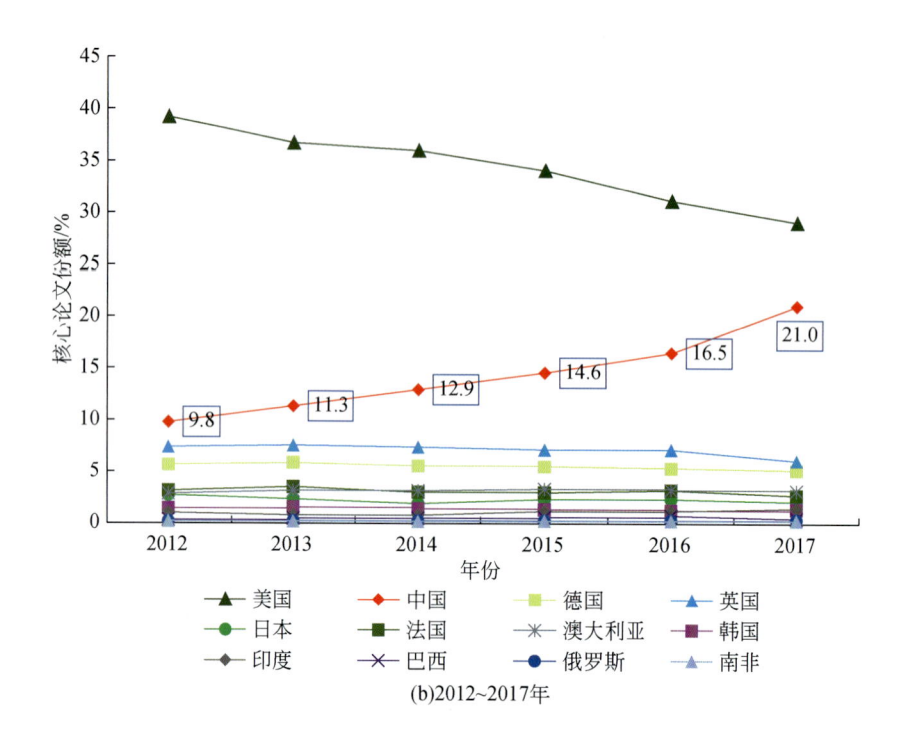

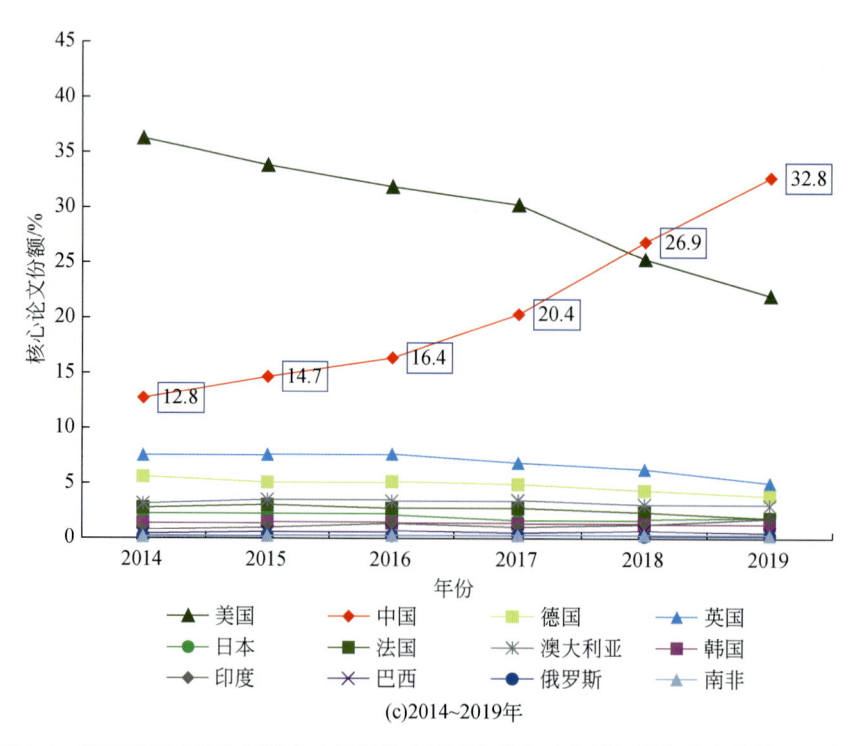

图 5-2 近三期科学结构图谱内中国及代表性国家核心论文份额的年度变化情况（续）

（二）施引论文份额分析

在本书中，核心论文是研究领域中的高被引论文，引用这些核心论文的施引论文是这个研究领域的跟进研究或前沿研究。这两种论文份额从各自的角度反映国家在某个研究领域专业化水平的程度。

表 5-2 显示了近三期科学结构图谱中国及代表性国家施引论文份额对比，图 5-3 显示了近三期科学结构图谱中国及代表性国家施引论文份额的年度变化情况。对比图 5-2 和图 5-3，各个国家施引论文份额的变化趋势与核心论文份额的变化趋势基本一致。在每个时期，中国的施引论文份额始终处于快速增长状态，但总增长率较核心论文略低。在本期科学结构图谱中，自 2018 年开始，中国年度施引论文份额开始超过美国。德国、英国、日本、法国、澳大利亚、韩国等发达国家整体表现为下降趋势，且与除美国、中国外的其他代表性国家相比，优势越来越不明显。其中，法国降幅最大，降幅超过 20%；日本、德国次之，降幅超过 15%；英国降幅接近 10%；澳大利亚降幅最小，降幅低于 1%。金砖国家所占份额虽相对较小，但总体呈显著上升趋势。同第一期相比，本期俄罗斯、印度、巴西、南非的施引论文份额增幅均接近或超过 15%；且印度施引论文份额已超过韩国，仅次于澳大利亚，全球排名第 10 位，份额为 2.6%。

表 5-2　近三期科学结构图谱中国及代表性国家施引论文份额对比

时期	份额/排名	美国	中国	德国	英国	日本	法国	澳大利亚	韩国	印度	巴西	俄罗斯	南非
2010~2015年	份额/%	27.1	14.8	5.8	5.6	4.0	3.6	2.9	2.6	2.2	1.3	0.7	0.4
	排名	1	2	3	4	5	6	9	11	12	15	23	36
2012~2017年	份额/%	24.9	18.1	5.3	5.4	3.6	3.3	2.9	2.6	2.5	1.4	0.8	0.4
	排名	1	2	4	3	5	7	9	11	12	14	22	34
2014~2019年	份额/%	22.7	22.2	4.9	5.1	3.3	2.9	2.9	2.5	2.6	1.5	0.8	0.4
	排名	1	2	4	3	5	8	9	11	10	14	20	33
分析比较	增长率/%（同上一期比较）	−8.8	22.7	−8.4	−5.0	−10.2	−12.7	−1.7	−2.4	4.0	7.8	5.0	2.6
	增长率/%（同第一期比较）	−16.2	50.6	−16.3	−9.9	−18.8	−20.4	−0.7	−2.7	20.4	16.0	21.7	14.3

(a) 2010~2015年

(b) 2012~2017年

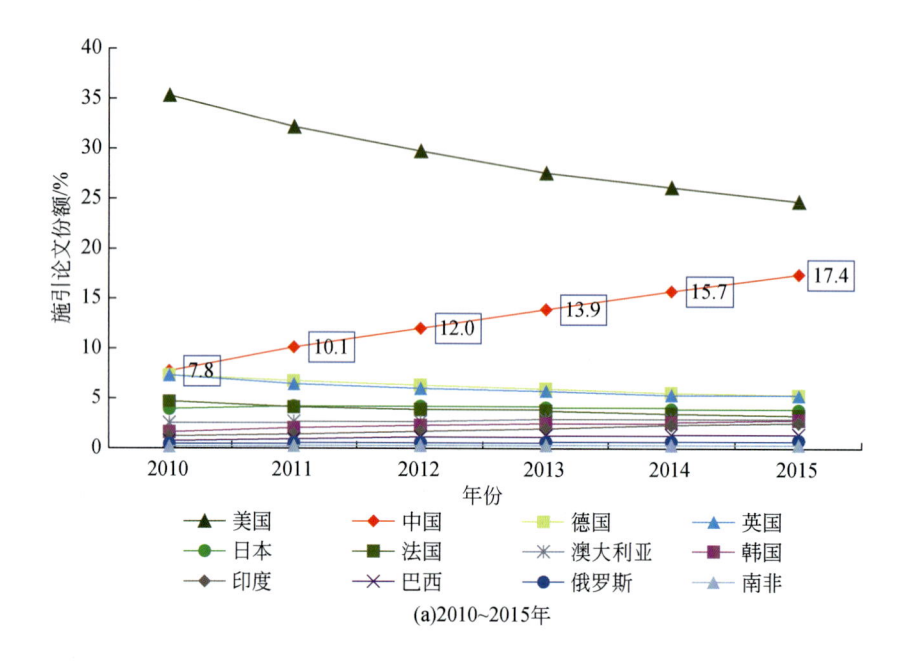

图 5-3　近三期科学结构图谱中国及代表性国家施引论文份额的年度变化情况

(c)2014~2019年

图 5-3 近三期科学结构图谱中国及代表性国家施引论文份额的年度变化情况（续）

二、基于科学结构图谱观察中国及代表性国家科研活跃度时序发展

（一）中国及代表性国家科研覆盖及份额分布

表5-3显示了中国及代表性国家科研覆盖的研究领域统计情况。图5-4显示了中国及代表性国家核心论文份额的整体分布情况。通过对比可以看出，美国基本覆盖科学结构全部的研究领域，占比维持在95.0%左右，但覆盖率略有下降，从第一期的97.0%降到本期94.8%。核心论文份额12.0%以上的研究领域占比极高，但同样呈下降趋势，从85.7%降到75.6%，累计下降10.1个百分点。新增研究领域（与前一期研究领域没有重叠论文）覆盖率基本稳定，占比均高于80%。

中国的研究领域覆盖率世界排名从第5位上升到第3位，覆盖率从66.7%上升到78.6%。核心论文份额高于12.0%的覆盖率同样呈现增长态势，从23.3%增长到39.2%，增幅明显高于研究领域覆盖率的上升幅度。新增研究领域的覆盖率也有明显增长，从48.3%增长到66.7%。但本期中，中国还有21.4%的研究领域没有发文；核心论文份额在7.0%~12.0%和3.0%~7.0%两个区间占比均低于10.0%，分别为8.0%和9.4%；核心论文份额在1.0%~3.0%与0%~1.0%两个区间占比略高于10.0%，分别为11.1%和10.9%。

英国、德国的研究领域覆盖率均在70%以上，但总体呈现下降趋势。其中，英国

研究领域覆盖率世界排名稳定在第二位，但覆盖率出现小幅下降，从第一期的 83.1%

表 5-3　中国及代表性国家科研覆盖的研究领域统计情况

时期	数量/份额	美国	中国	德国	英国	日本	法国	澳大利亚	韩国	印度	巴西	俄罗斯	南非
2010～2015年	发文研究领域数/个（共1084个）	1051	723	857	901	562	746	715	415	346	273	225	180
	占全研究领域数比例/%	97.0	66.7	79.1	83.1	51.9	68.8	66.0	38.3	31.9	25.2	20.8	16.6
	高于该国世界份额的研究领域数/个	526	262	383	442	264	374	360	208	188	170	137	123
	新增研究领域中无发文研究领域数/个（共87个）	16	45	47	40	69	60	61	76	74	80	81	83
2012～2017年	发文研究领域数/个（共1169个）	1126	842	869	974	596	780	766	444	389	368	239	199
	占全研究领域数比例/%	96.3	72.0	74.3	83.3	51.0	66.7	65.5	38.0	33.3	31.5	20.4	17.0
	高于该国世界份额的研究领域数/个	580	330	422	488	295	404	375	229	223	222	160	154
	新增研究领域中无发文研究领域数/个（共103个）	16	52	59	43	84	69	65	92	86	84	96	91
2014～2019年	发文研究领域数/个（共1333个）	1263	1048	955	1070	639	826	873	527	472	436	297	276
	占全研究领域数比例/%	94.8	78.6	71.6	80.3	47.9	62.0	65.5	39.5	35.4	32.7	22.3	20.7
	高于该国世界份额的研究领域数/个	644	412	454	533	308	427	421	259	236	254	184	183
	新增研究领域中无发文研究领域数/个（共180个）	33	60	115	83	146	129	113	147	147	156	173	165

下降到本期的 80.3%，且本期中，核心论文份额在 >12.0%、7.0%～12.0%、3.0%～7.0% 和 1.0%～3.0% 四个区间占比均超过 15.0%，分别为 22.8%、16.4%、20.5% 与 15.2%，占比最小的区间是 0%～1.0%，占比为 5.5%。德国研究领域覆盖率

世界排名下降一位，从第 3 位下降到第 4 位，且覆盖率降幅明显，从第一期的 79.1% 下降到本期的 71.6%，且本期中，核心论文份额在 0% 与 3.0%～7.0% 两个区间的研究领域占比均超过 20%，其中核心论文份额 0%（即无发文）占比为 28.4%，3.0%～7.0% 占比为 22.8%，占比最小的区间是 0%～1.0%，占比为 8.2%。

法国、澳大利亚的研究领域覆盖率均在 60.0% 以上，但总体呈现下降趋势。其中，法国的覆盖率降幅略大，从第一期的 68.8% 下降到本期的 62.0%；澳大利亚的覆盖率降幅较小，从第一期的 66.0% 下降到本期的 65.5%。这两个国家覆盖的研究领域，大部分核心论文份额集中在 1.0%～3.0% 与 3.0%～7.0%。在本期中，两国核心论文份额最大的区间都是 1.0%～3.0%，其中，法国占比为 20.9%，澳大利亚占比为 20.7%。

日本的研究领域覆盖率维持在 50.0% 左右，但总体呈现下降趋势，从第一期的 51.9% 下降到本期的 47.9%。本期中，除去无发文的研究领域，日本核心论文份额在 3.0%～7.0%、1.0%～3.0% 与 0%～1.0% 的占比均在 10.0% 以上，分别为 10.6%、14.1% 与 15.5%；而核心论文份额在 >12.0% 与 7.0%～12.0% 两个区间占比均低于 5.0%，分别为 3.5% 和 4.4%。韩国研究领域覆盖率维持在 38.0% 以上，且覆盖率出现小幅增长趋势，从第一期的 38.3% 上升到本期的 39.5%；本期中，除去无发文的研究领域，其研究领域占比超过 10.0% 的区间分别为 0%～1.0%、1.0%～3.0%。俄罗斯、印度、巴西、南非所占份额均比较小，有核心论文发表的研究领域大部分处于 0%～1%。新增研究领域中各国发文占比普遍低于在全部领域中的占比。

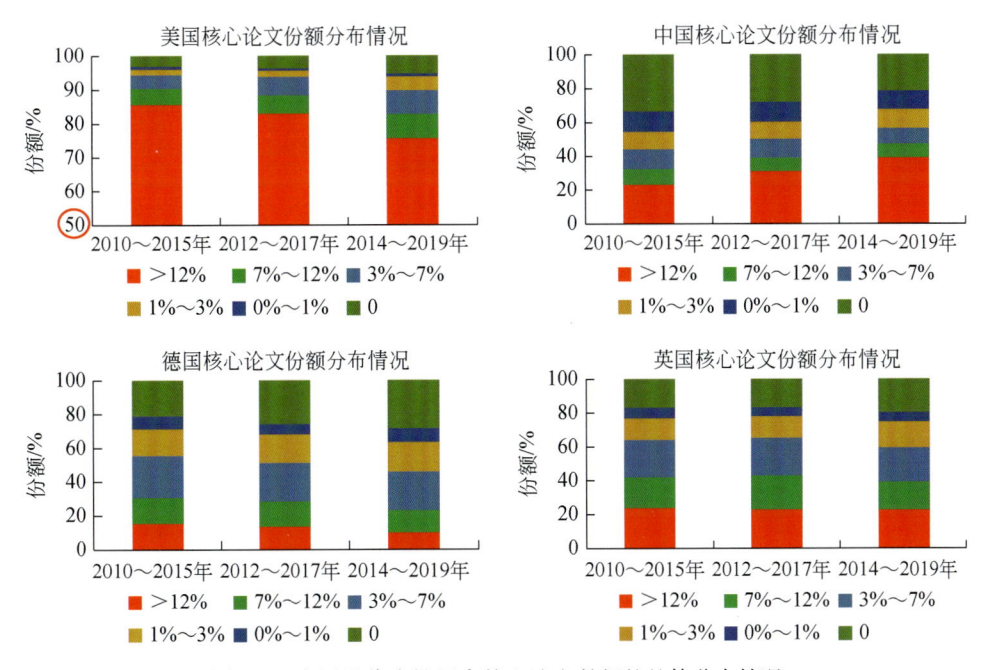

图 5-4　中国及代表性国家核心论文份额的整体分布情况

图 5-4　中国及代表性国家核心论文份额的整体分布情况（续）

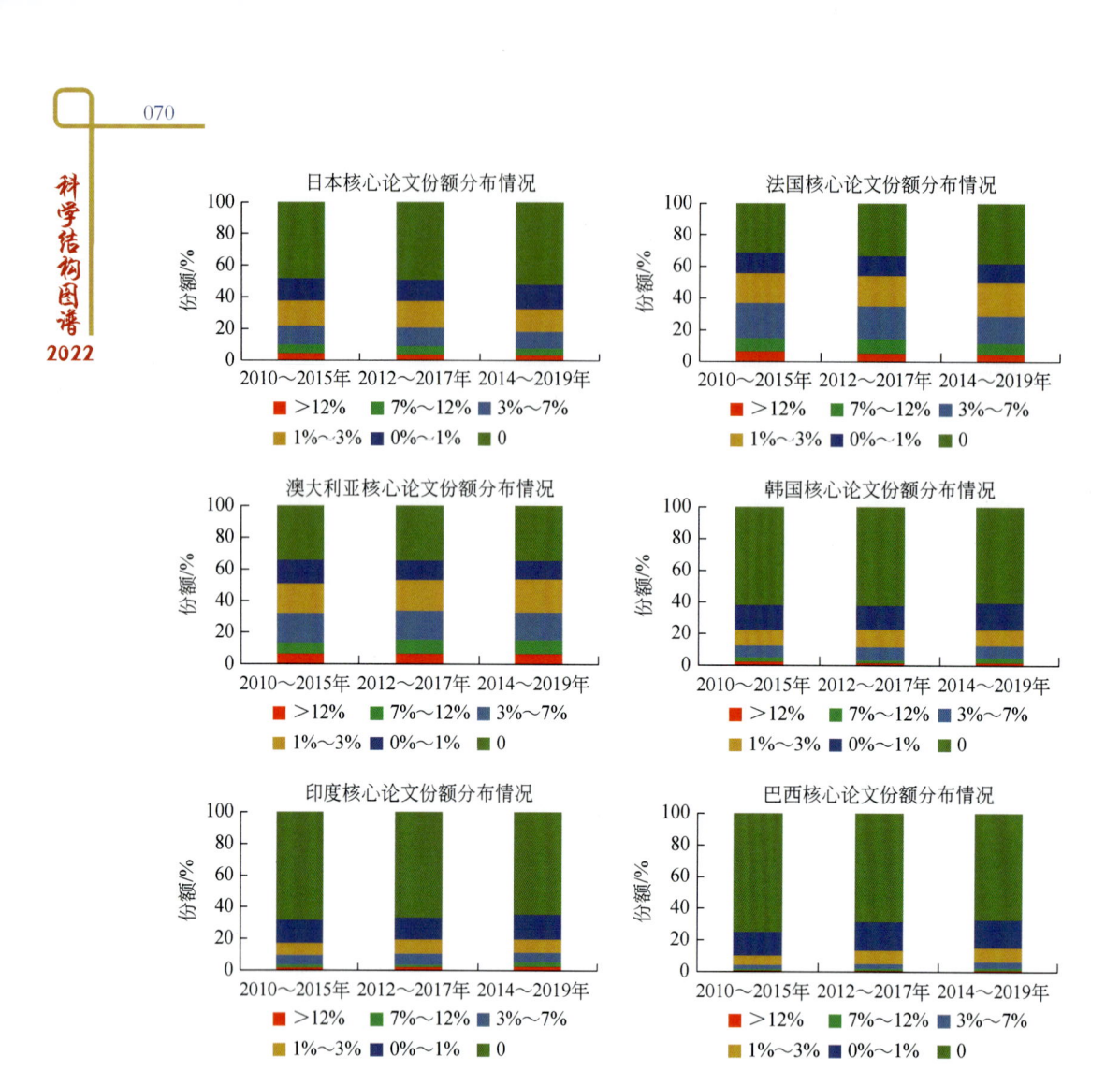

（二）中国及代表性国家在科学结构图谱中各研究领域的科研活跃度

基于三期科学结构图谱，叠加主要国家在不同研究领域中核心论文份额，观察这些国家在不同研究领域的分布变化，颜色越暖的区域份额越高，如图 5-5～图 5-7 所示。由于各国核心论文密度范围差距较大，美国核心论文份额远高于其他国家，为有效对比分析，图例中，中国、美国的核心论文密度一致，取 2012~2017 年中国的密度范围，密度间隔使用自然间断点分级法 Jenks，范围为 0~0.043，其他国家的核心密度范围一致，最后间隔的起始值为 0.010。

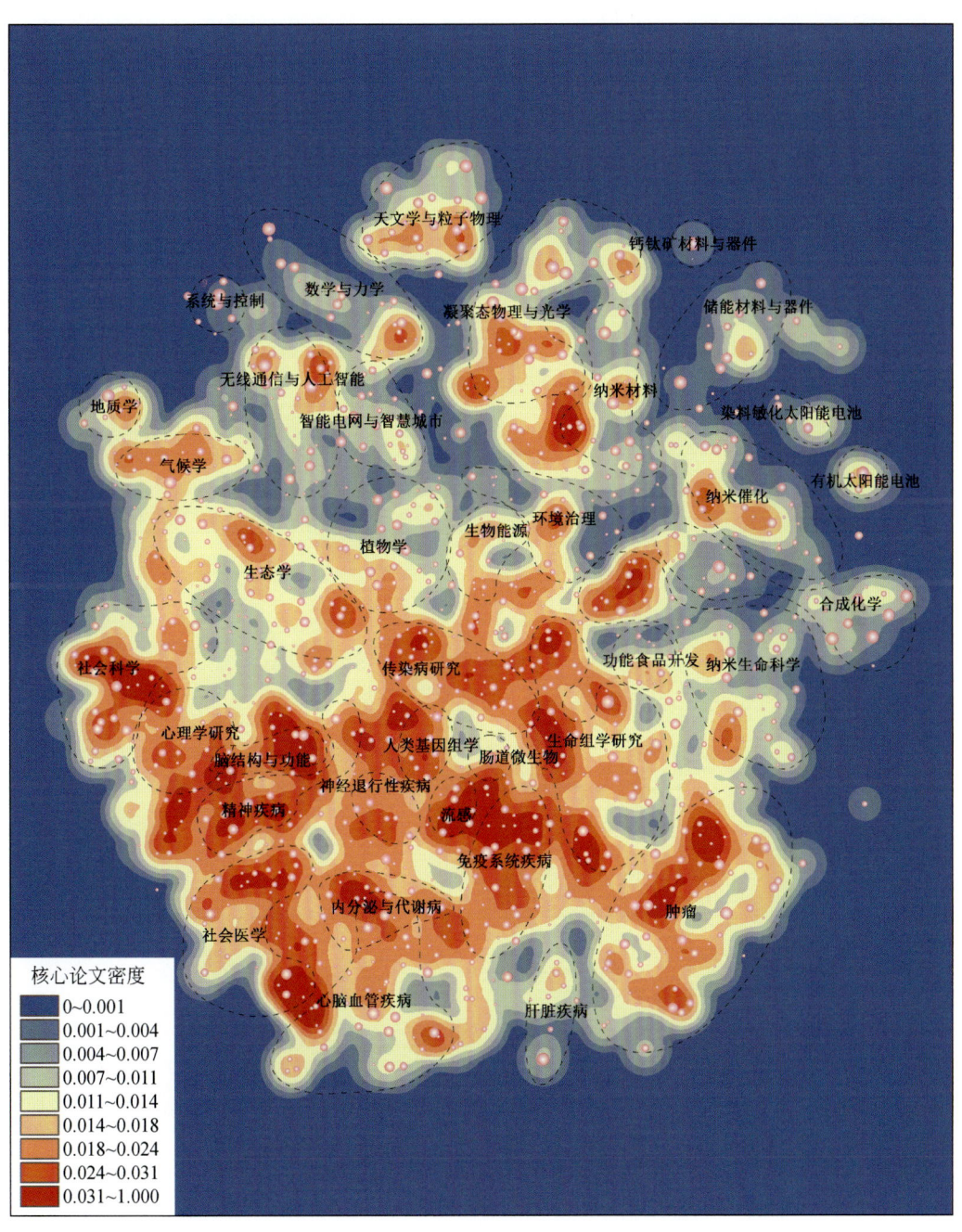

(a) 美国

图 5-5　2010~2015 年中国及代表性国家核心论文份额分布图

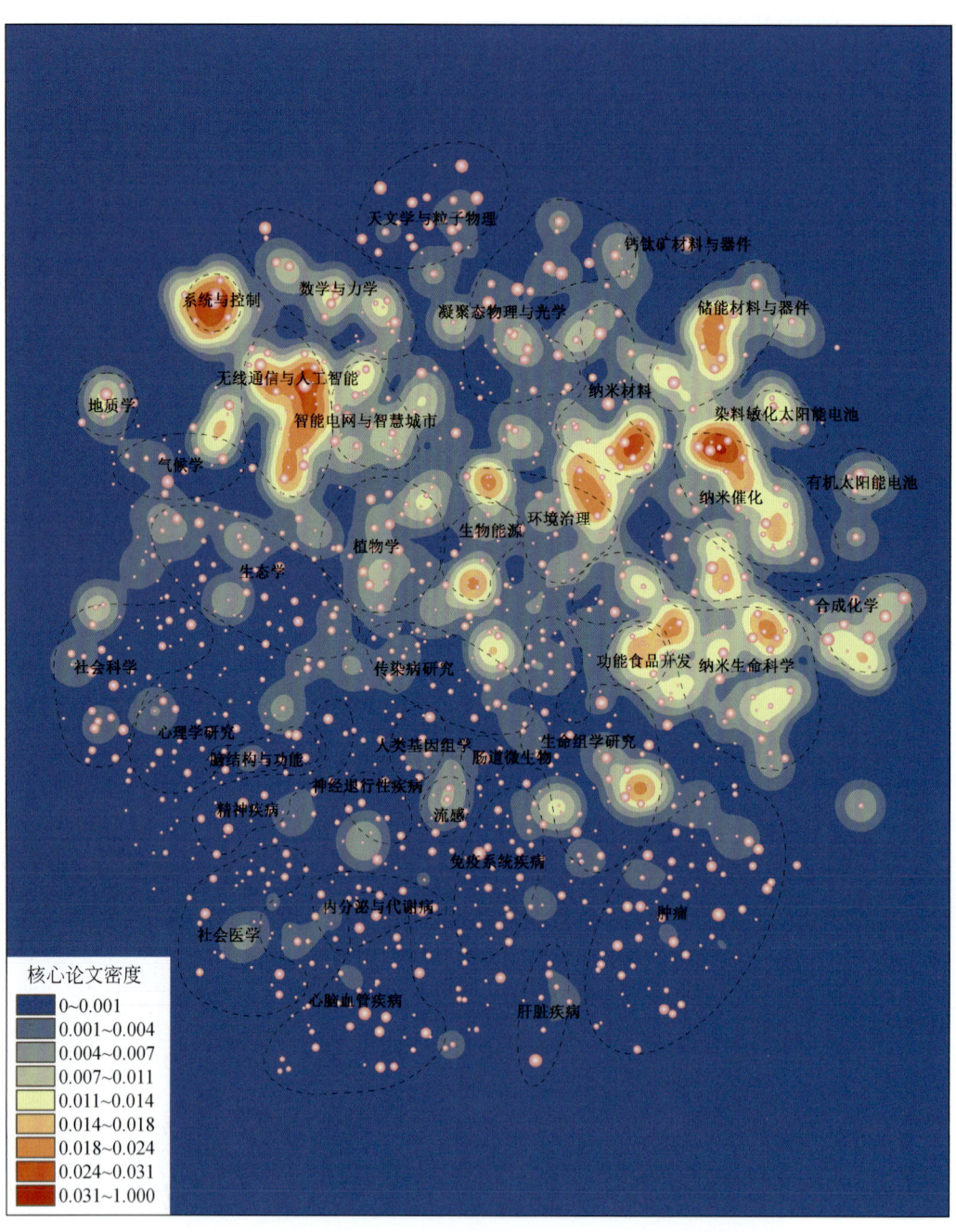

(b)中国

图 5-5　2010～2015 年中国及代表性国家核心论文份额分布图（续）

(c)德国

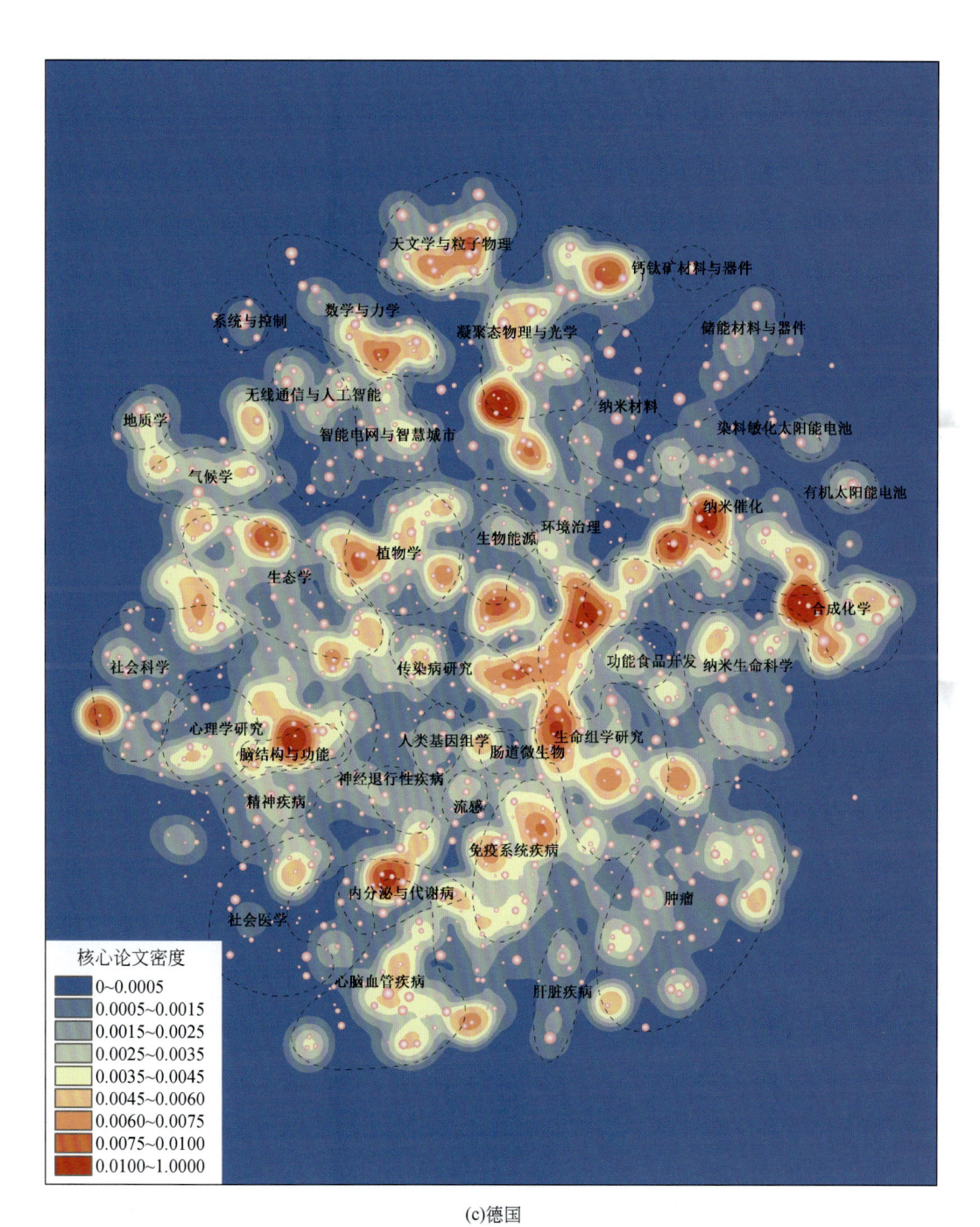

图 5-5 2010～2015 年中国及代表性国家核心论文份额分布图（续）

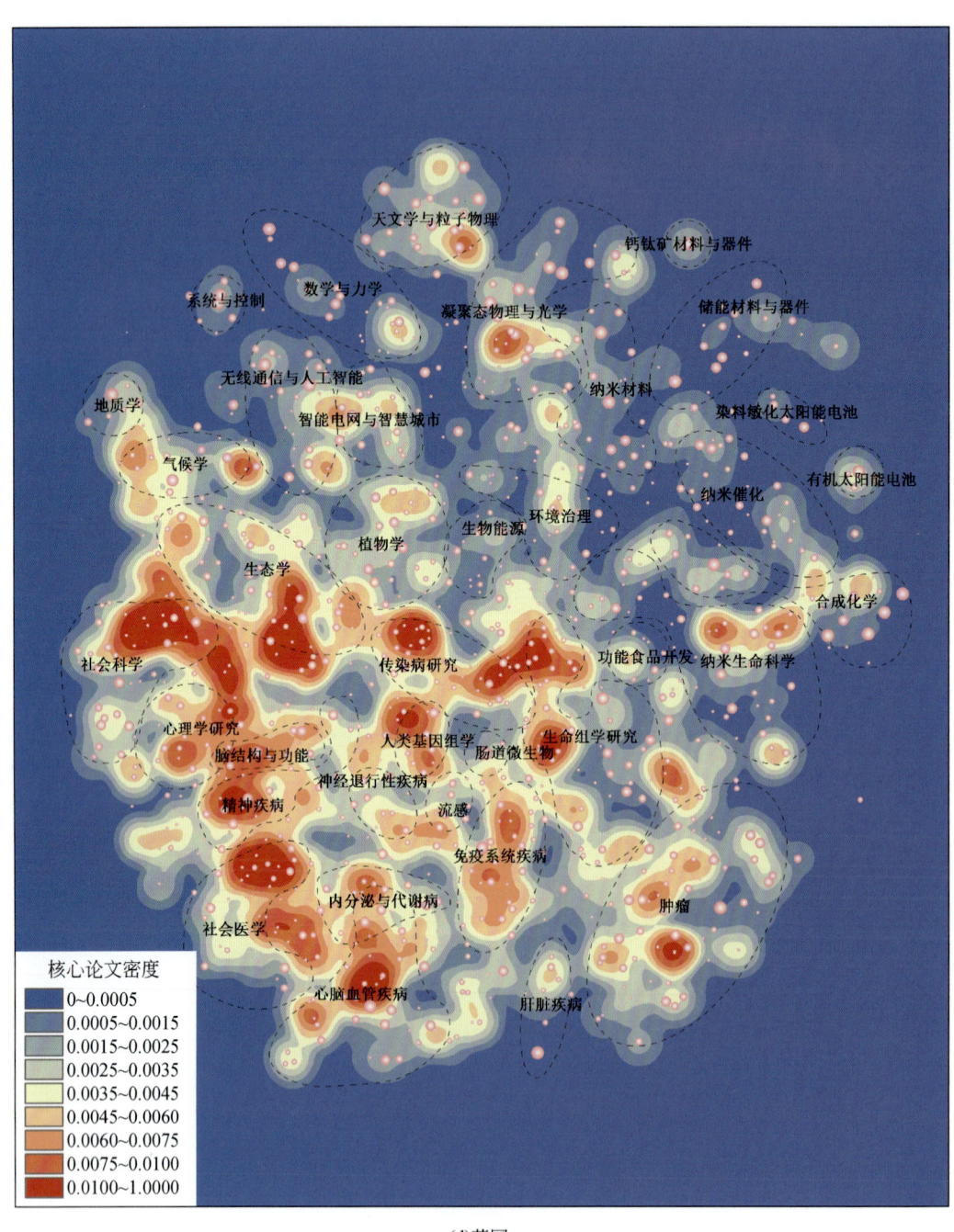

(d)英国

图 5-5　2010～2015 年中国及代表性国家核心论文份额分布图（续）

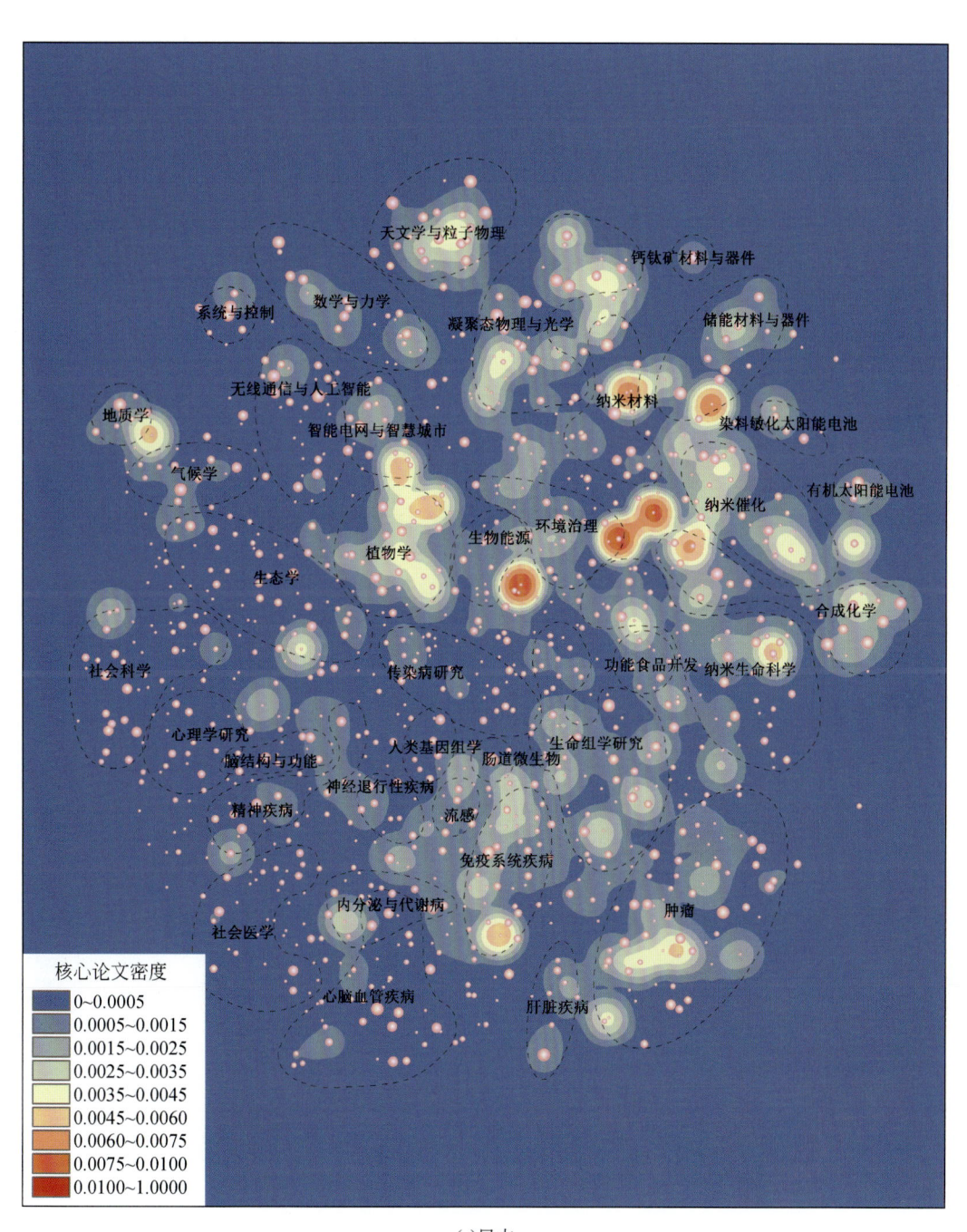

(e)日本

图 5-5 2010～2015 年中国及代表性国家核心论文份额分布图（续）

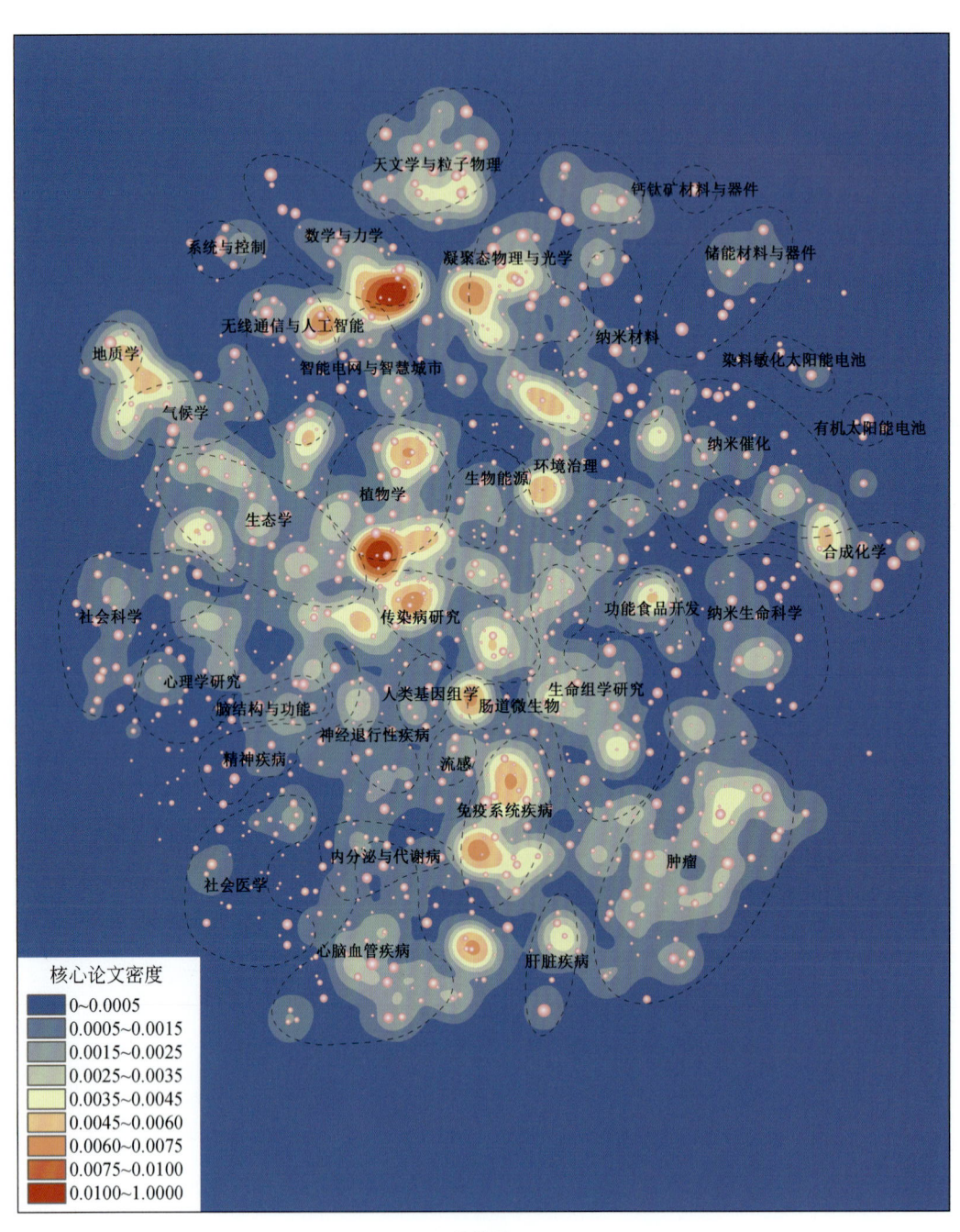

(f)法国

图5-5　2010～2015年中国及代表性国家核心论文份额分布图（续）

注：中国、美国核心论文密度范围相同，其他国家相同，图5-6、图5-7同

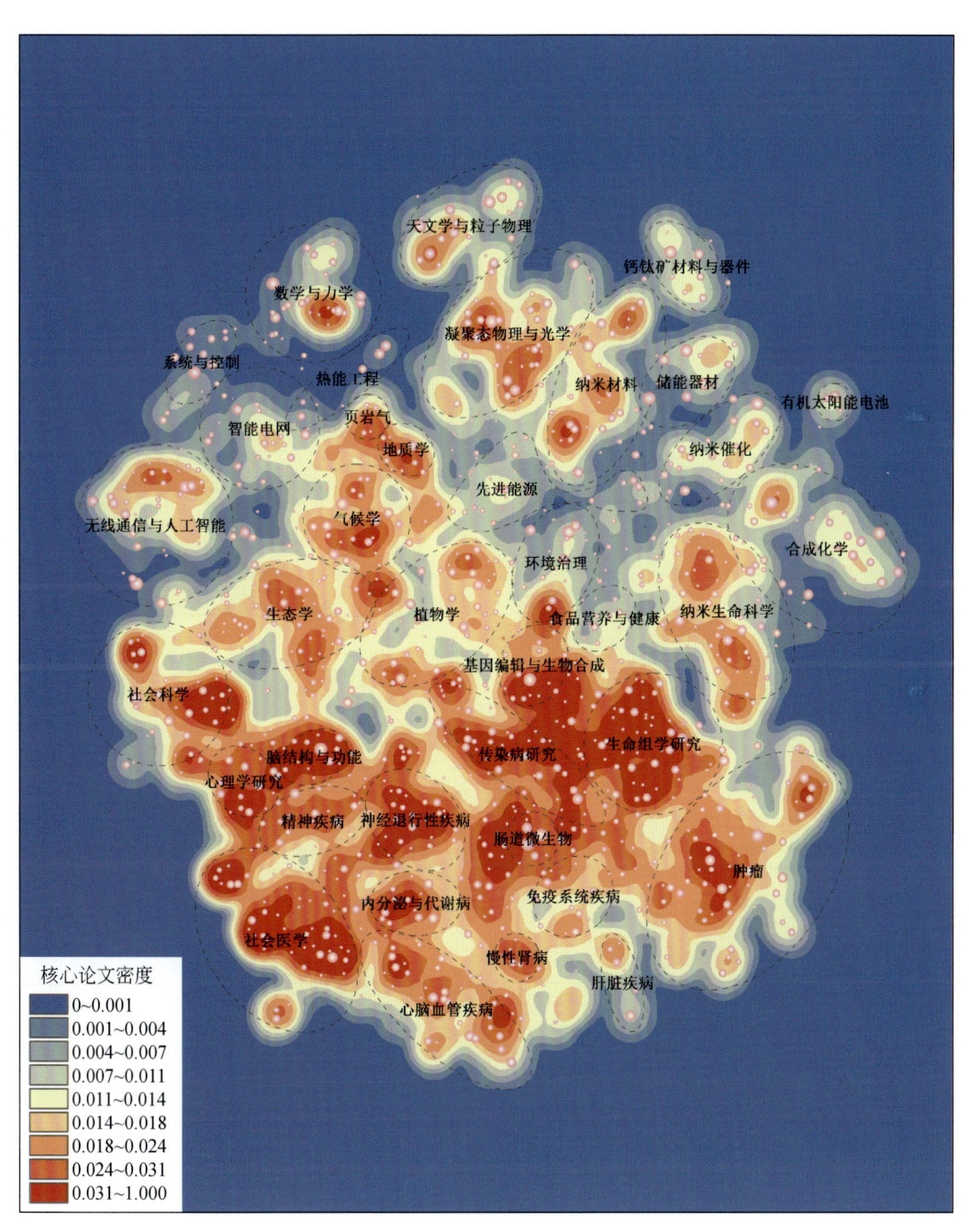

(a)美国

图 5-6　2012～2017 年中国及代表性国家核心论文份额分布图

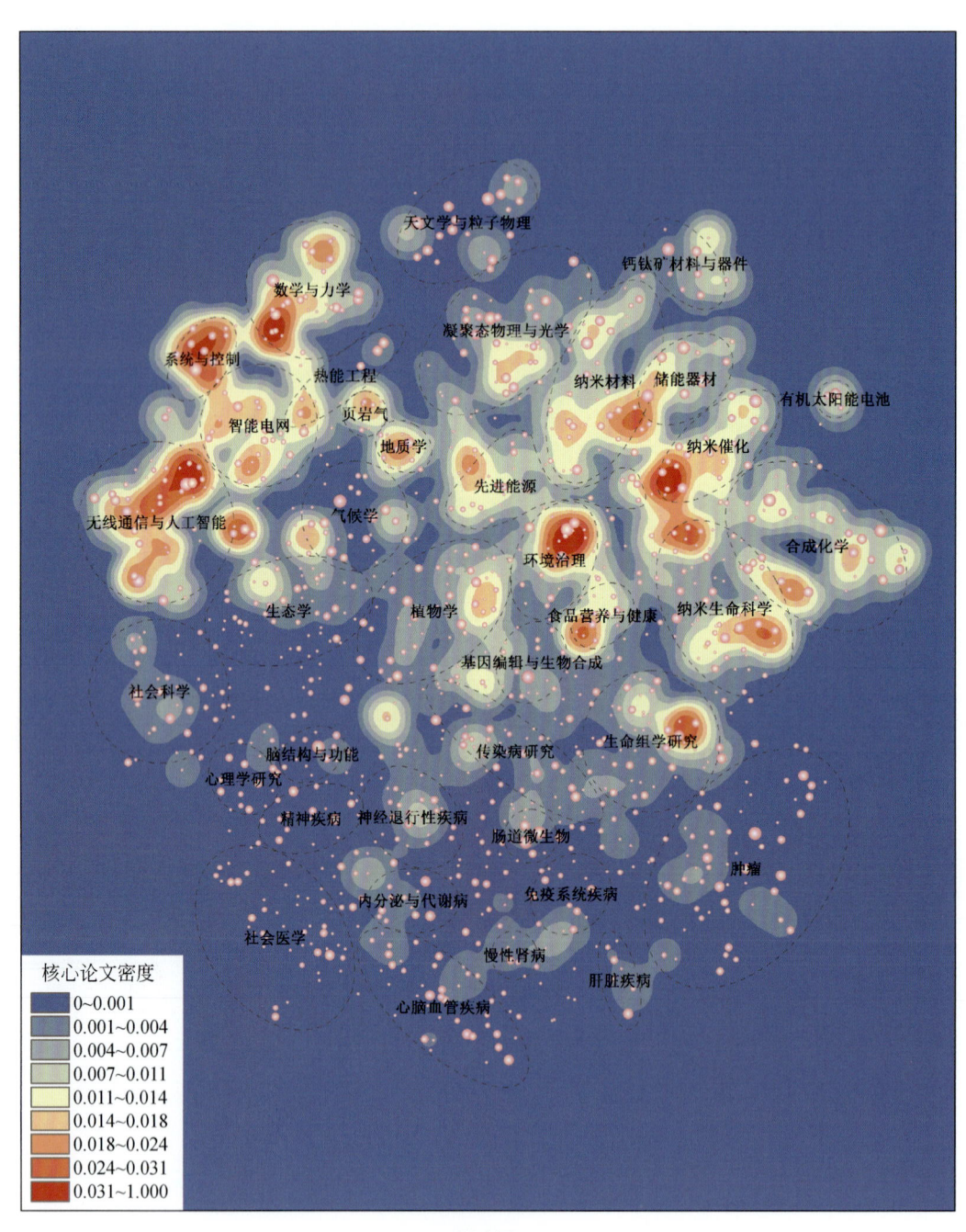

(b)中国

图 5-6　2012~2017 年中国及代表性国家核心论文份额分布图（续）

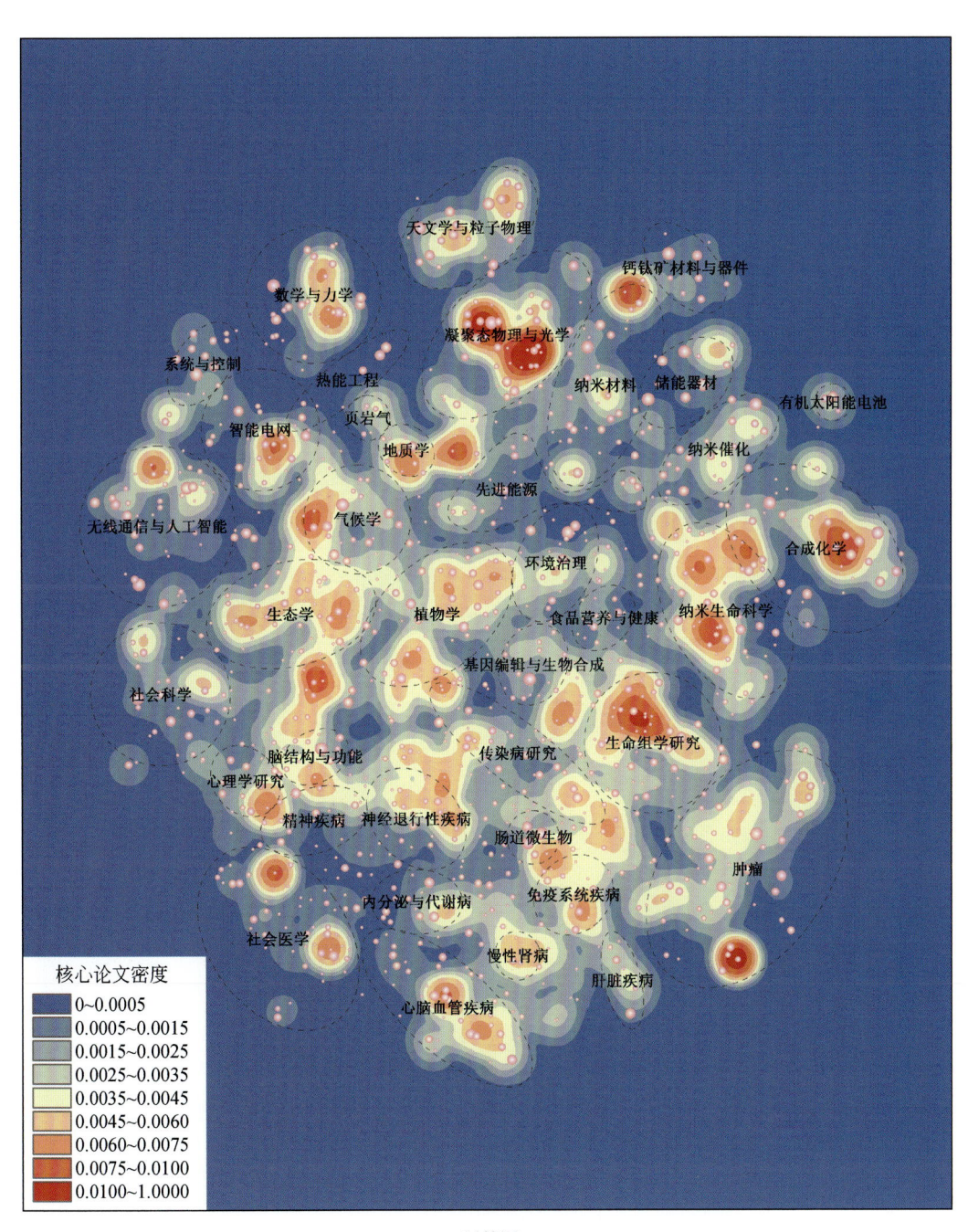

(c) 德国

图 5-6　2012～2017 年中国及代表性国家核心论文份额分布图（续）

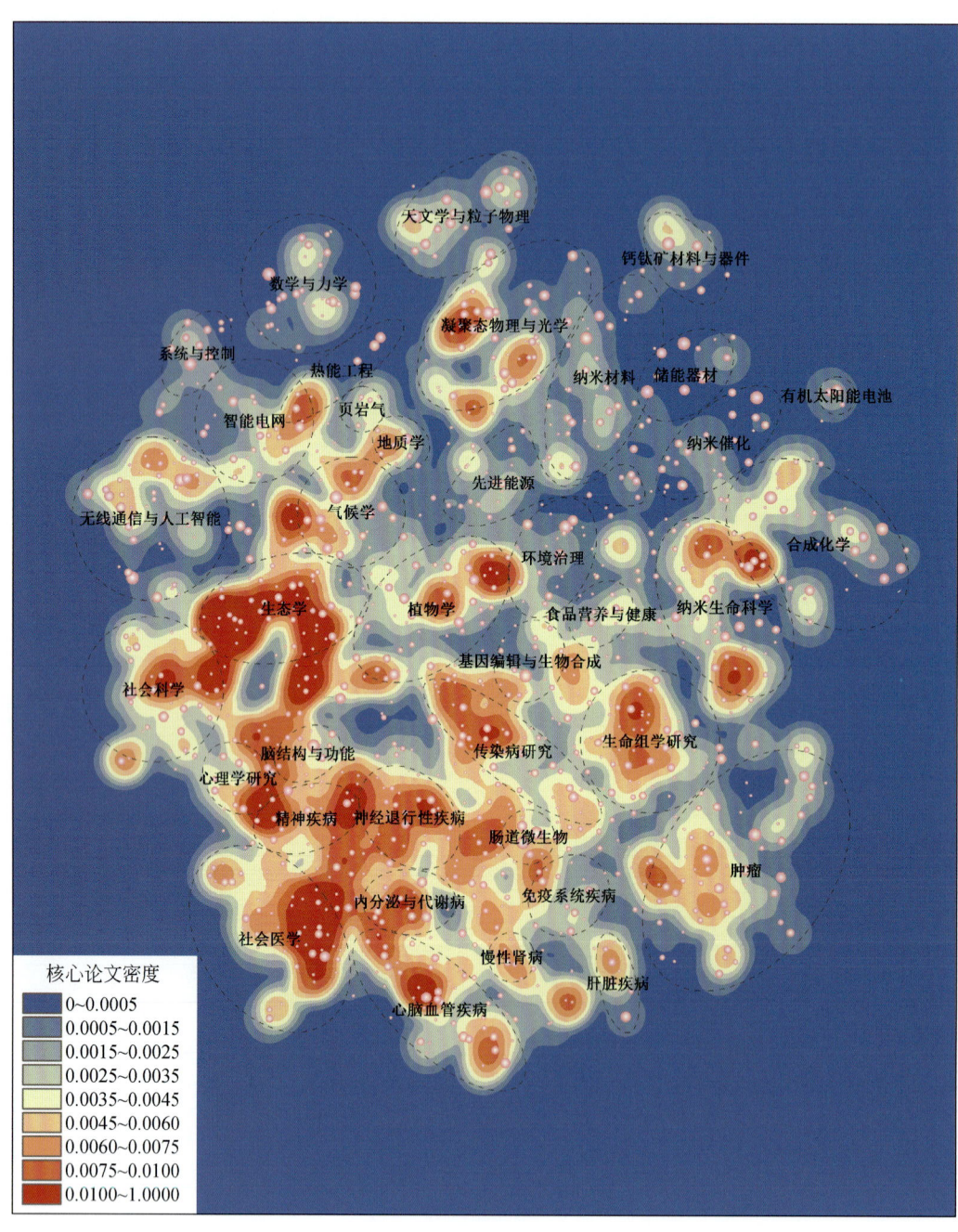

(d) 英国

图 5-6　2012～2017 年中国及代表性国家核心论文份额分布图（续）

(e)日本

图 5-6　2012~2017 年中国及代表性国家核心论文份额分布图（续）

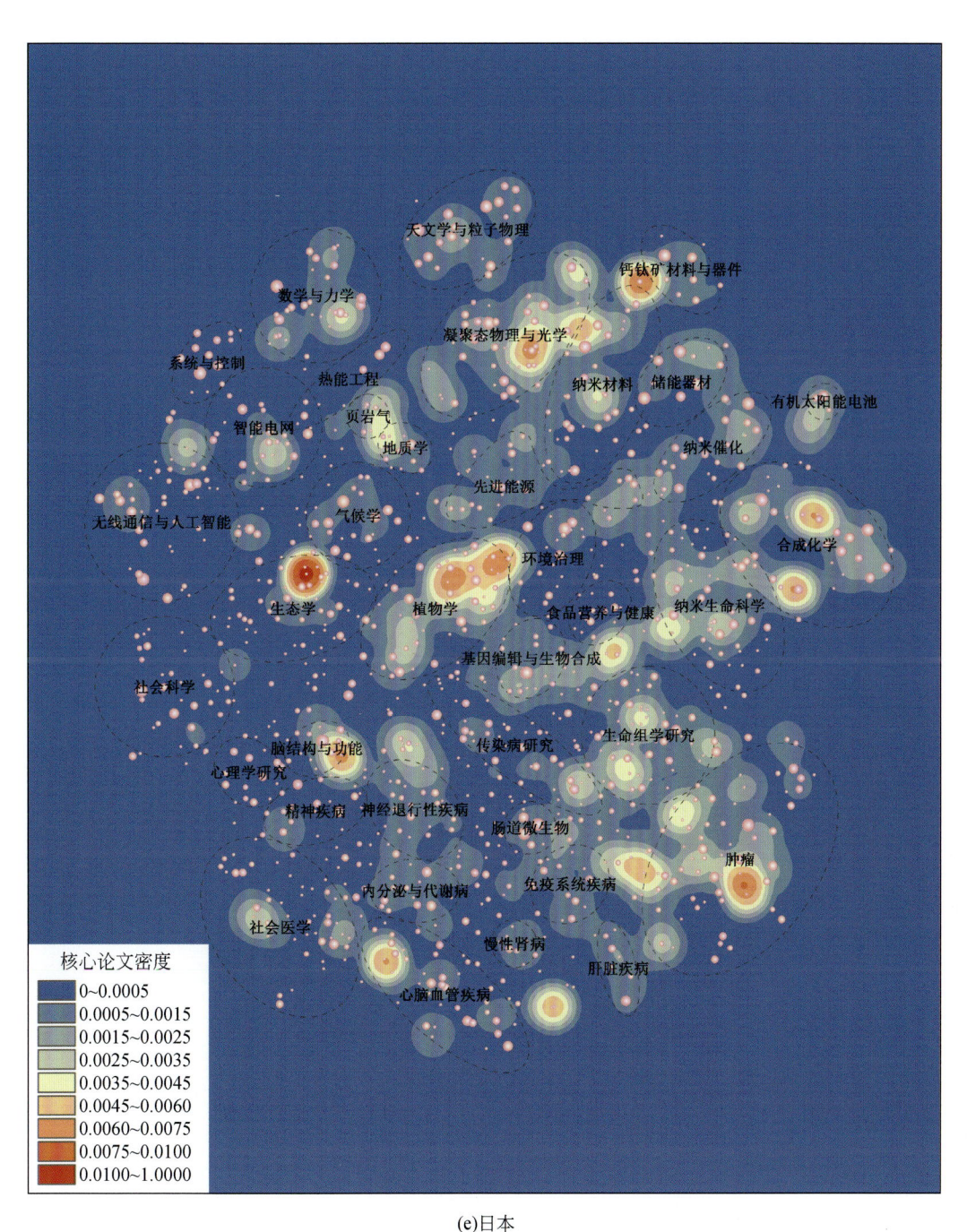

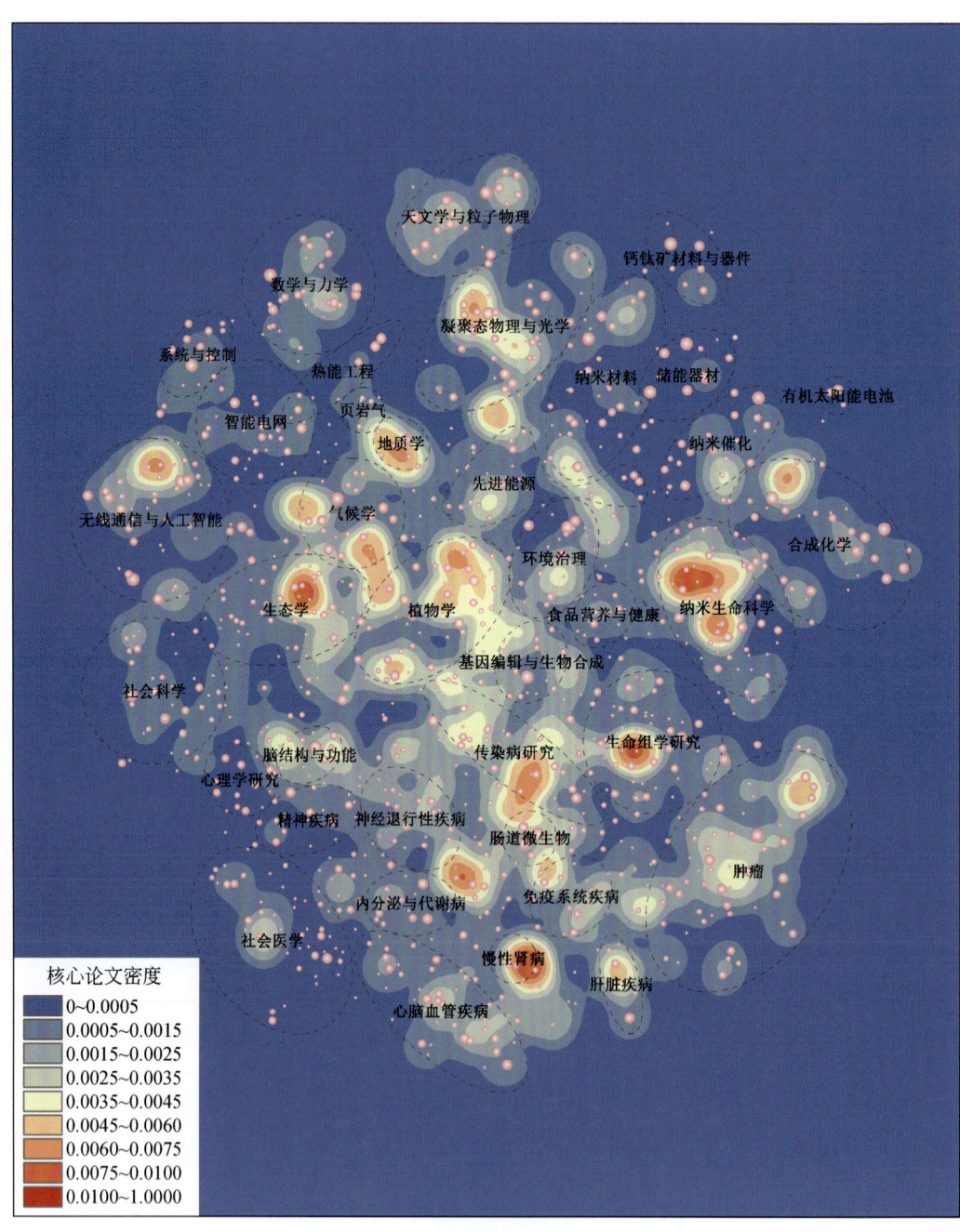

(f)法国

图 5-6　2012～2017年中国及代表性国家核心论文份额分布图（续）

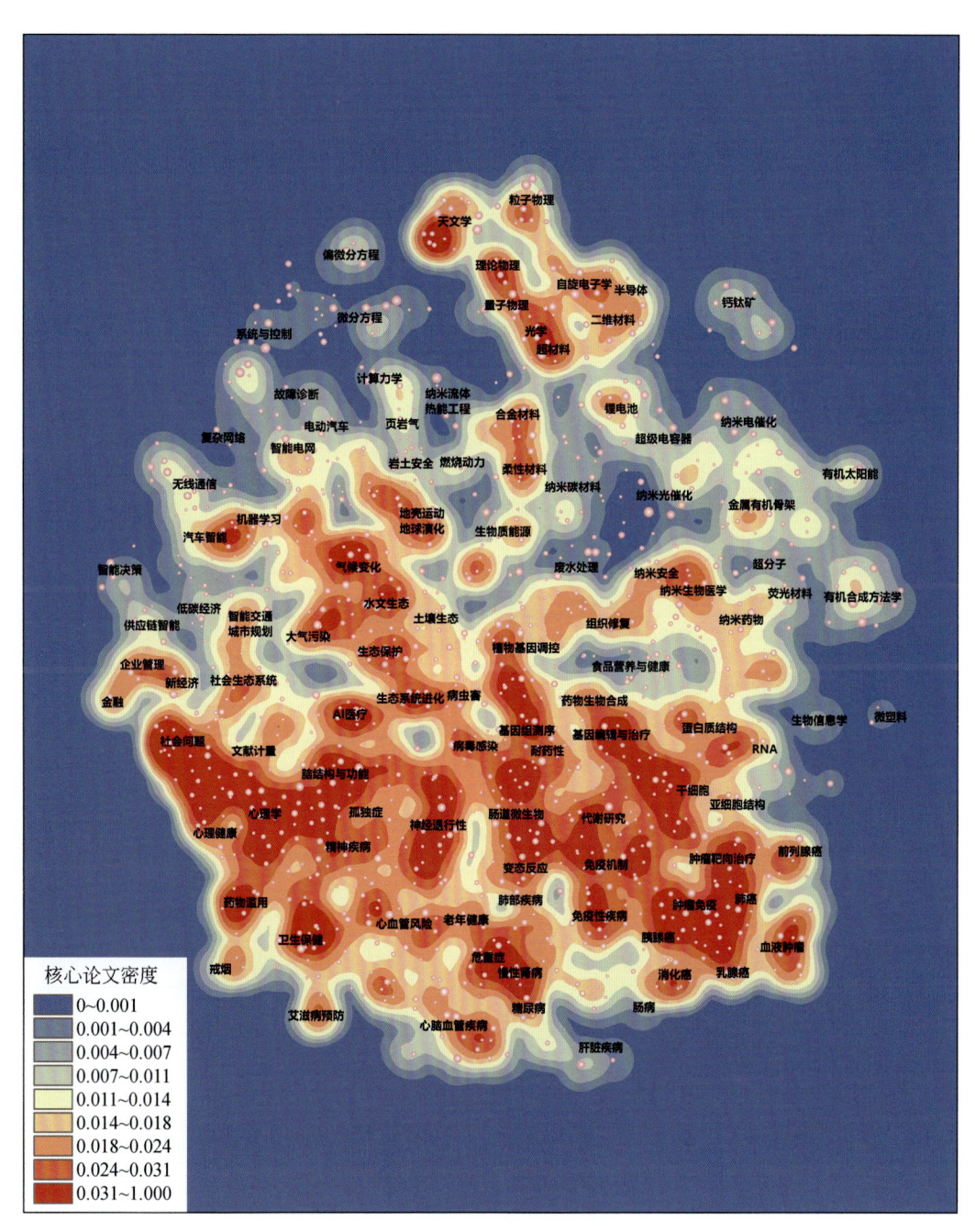

(a)美国

图 5-7 2014～2019 年中国及代表性国家核心论文份额分布图

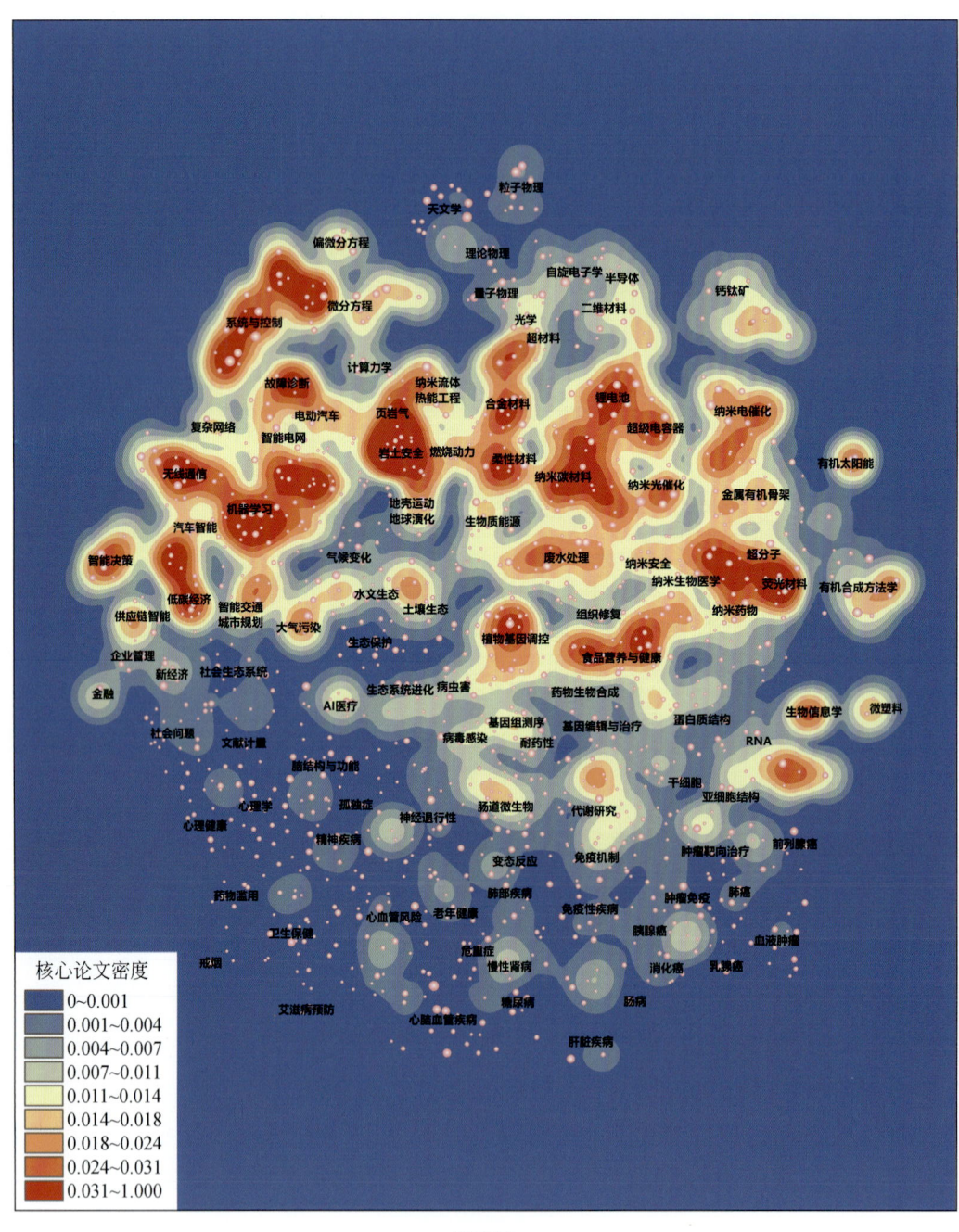

(b) 中国

图 5-7　2014～2019 年中国及代表性国家核心论文份额分布图（续）

(c)德国

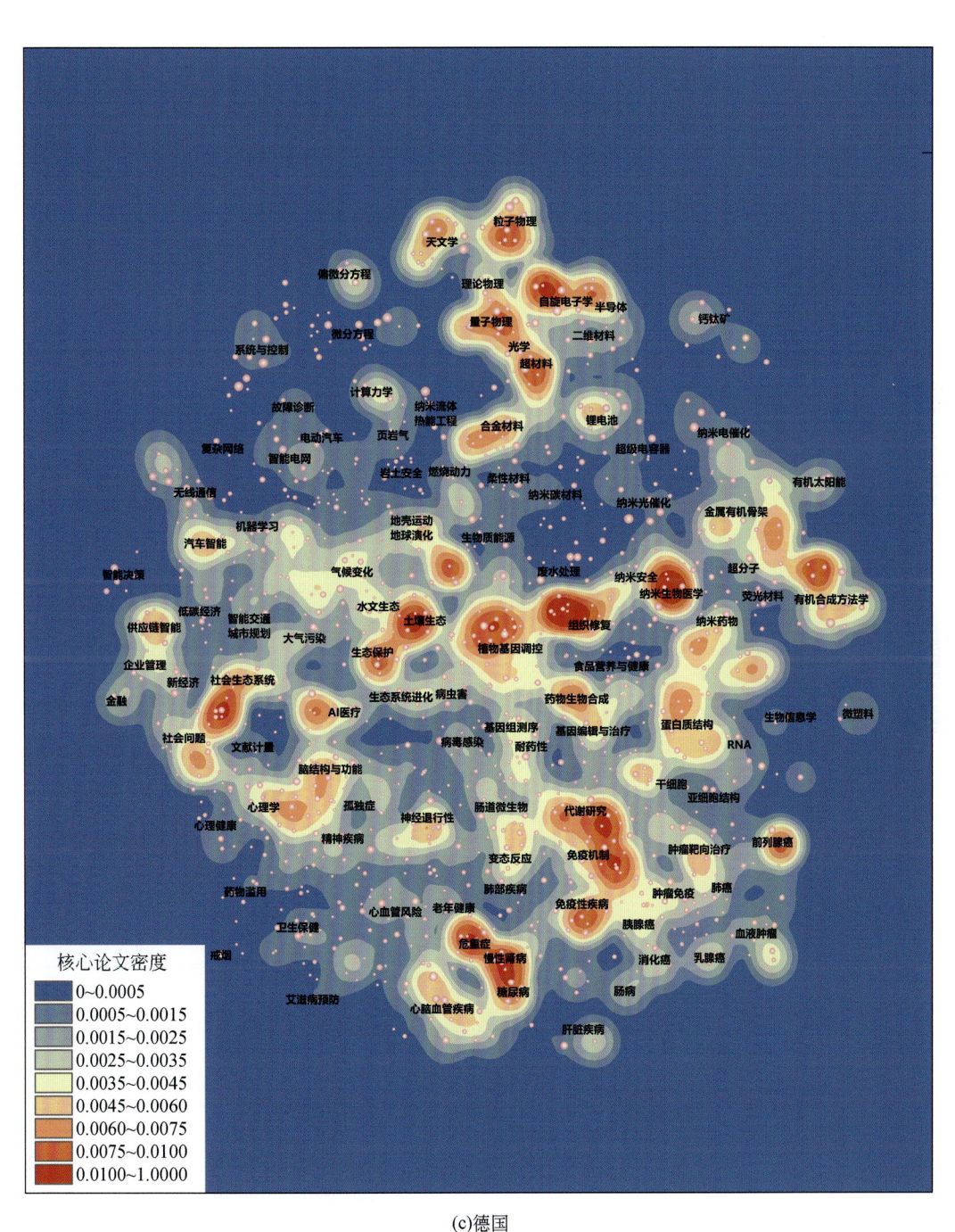

图 5-7 2014~2019 年中国及代表性国家核心论文份额分布图（续）

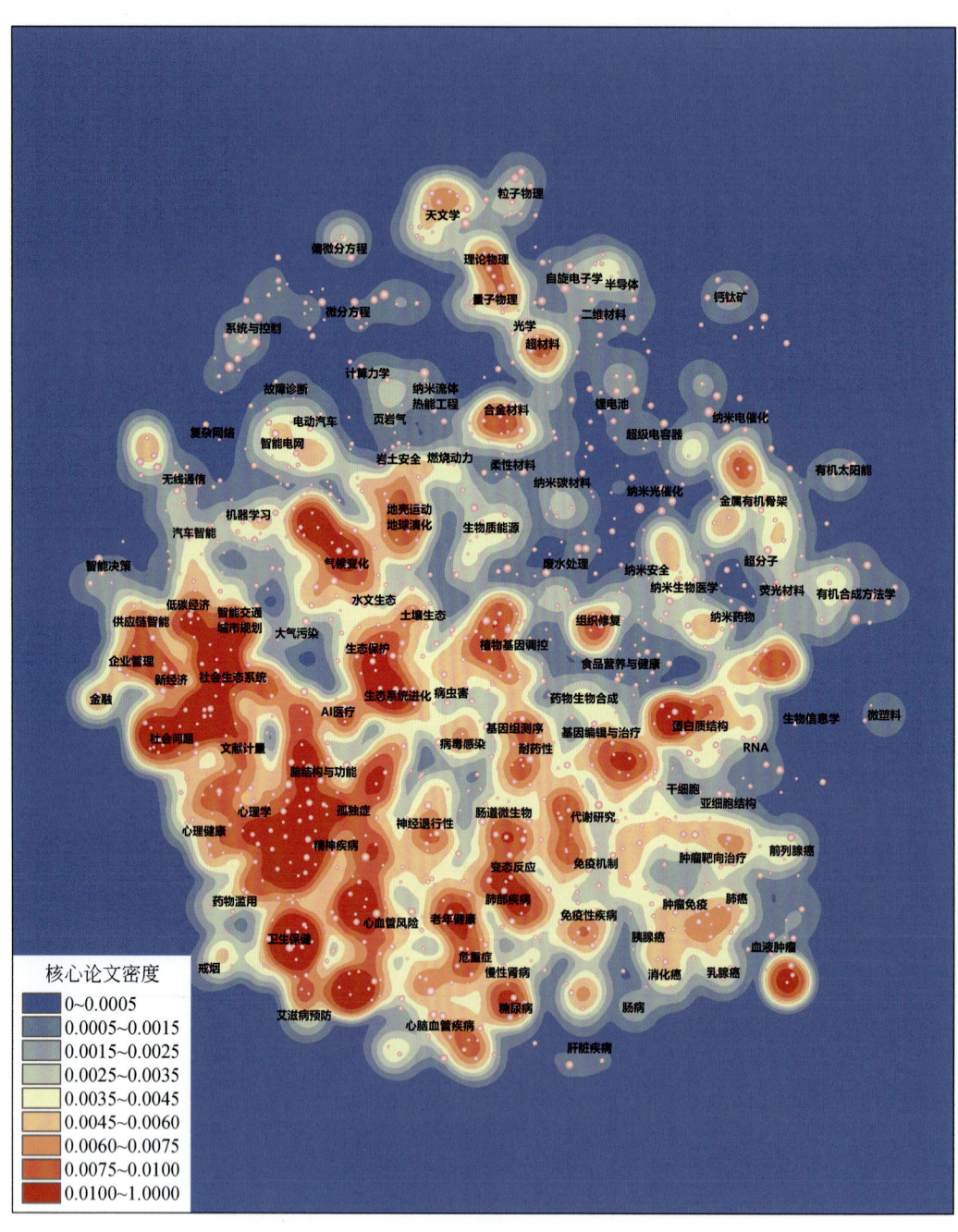

(d) 英国

图 5-7　2014~2019 年中国及代表性国家核心论文份额分布图（续）

(e)日本

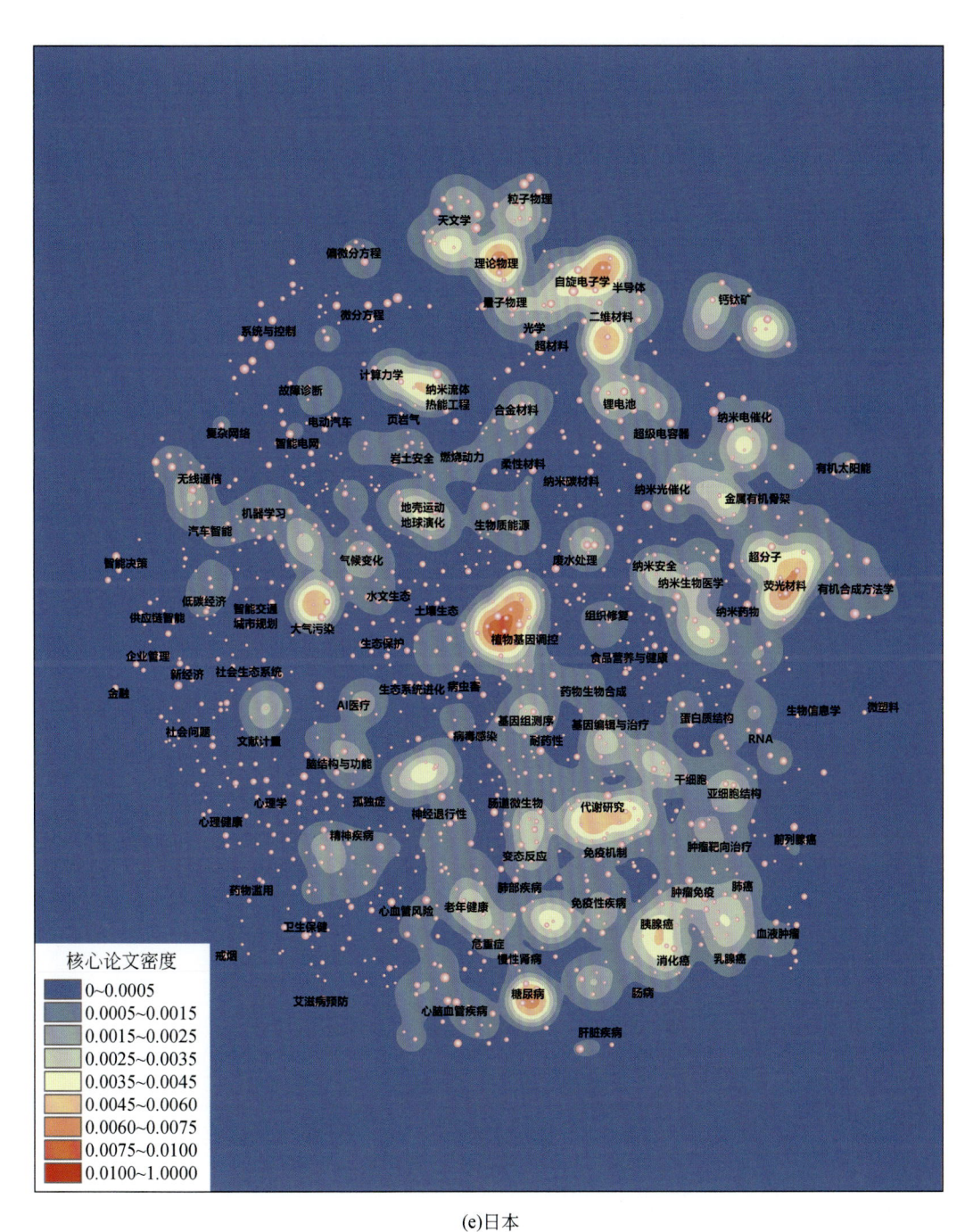

图 5-7　2014～2019 年中国及代表性国家核心论文份额分布图（续）

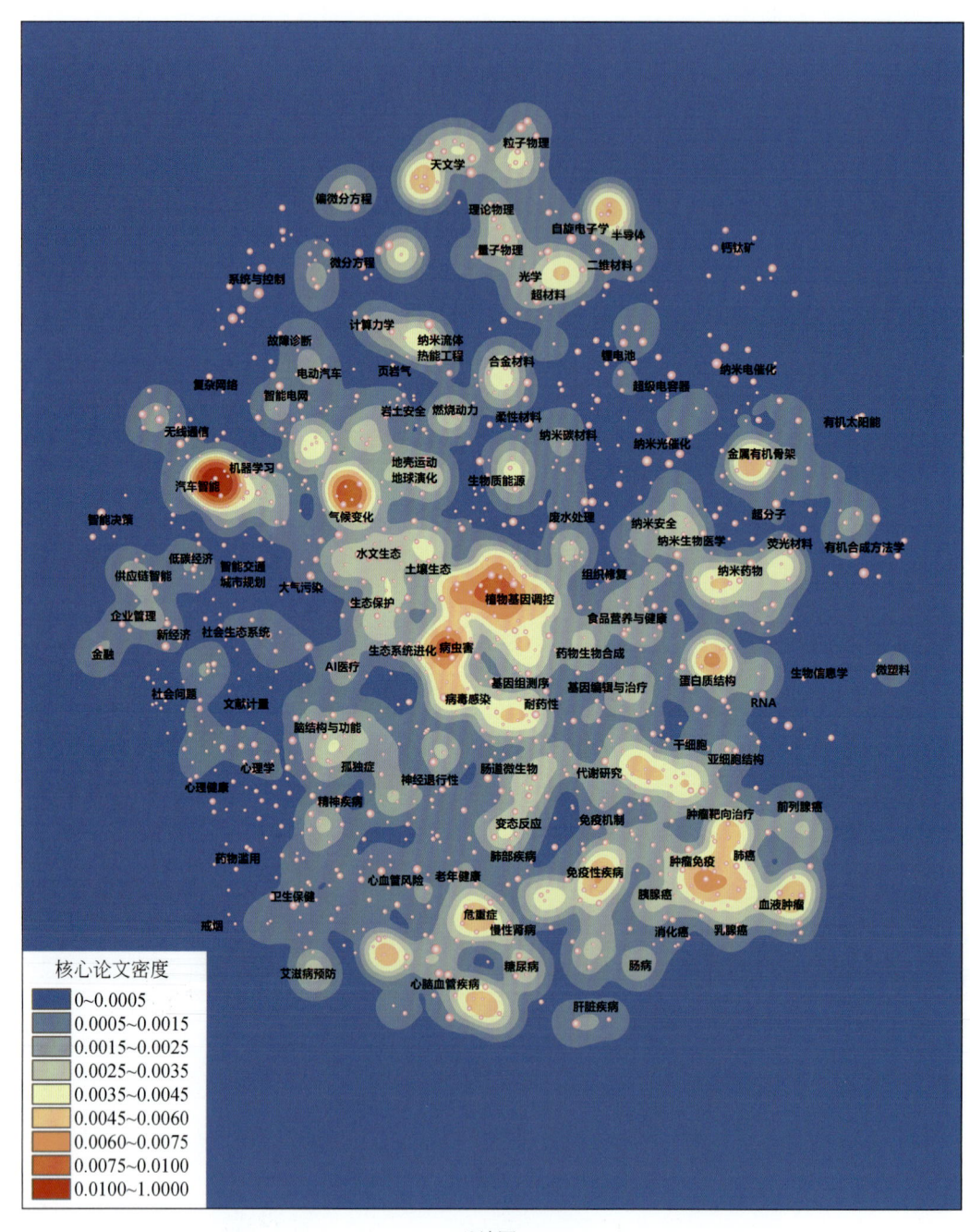

(f) 法国

图 5-7　2014～2019 年中国及代表性国家核心论文份额分布图

中国科研优势研究领域逐步稳固，与美国形成了明显的互补关系。从本期叠加图中可见，中国优势研究领域主要集中于图谱的上半部分，在"无线通信与人工智能""系统与控制""岩土安全""柔性材料与器件""纳米催化""纳米碳材料应用""低碳经济""植物基因调控""荧光生物医用材料"等研究领域群中优势较为明显,其次是"微分方程""钙钛矿材料与器件""有机太阳能电池""有机合成方法学""生物信息学方法""地壳运动与地球演化""肠道微生物与健康""生物质能源""大气污染""食品营养与健康""智能决策与应用""供应链智能管理""AI 医疗"等研究领域群。在"神经退行性疾病""慢性肾病""基因编辑与治疗""气候变化"等研究领域群,以及"天文学与粒子物理学"和"社会科学"里的"新经济模式"等部分研究领域也有一定的份额。相比较而言,中国在位于图下部的医学,生物学,社会科学、经济与商业学科中所占份额相对较少。

从中国核心论文份额本国排名靠前的研究领域(附录1)分析中国具体的优势研究领域,在规模较大的研究领域(含至少10个研究前沿,附表1-1)中,中国份额较高的研究领域大部分集中在和"纳米科技""系统与控制"相关的研究,与前期科学结构图谱有相近之处。其中,中国核心论文份额超过90.0%的研究领域有三个,分别为:与岩土安全研究相关的"矿山粉尘与瓦斯控制"(ID720),论文份额最高,达到98.3%;"石墨烯基微波吸收材料"(ID1022),论文份额96.4%;"传染病动力学模型"(ID766),论文份额90.3%。在规模较小的研究领域(含少于10个研究前沿)中,中国份额为100.0%的研究领域有4个,分别为"污染湿地土壤的修复""水力发电系统优化调度与故障容错控制""提升低阶煤表面吸附性方法""长非编码RNA在癌症领域的作用机制"(附表1-2)。

美国几乎在所有研究领域群中都有很高的占比,图谱下半部分研究领域优势更加突出。美国优势研究领域与英国优势研究领域具有相似性,与中国优势研究领域形成互补。从本期叠加图中可看出,美国在医学,生物学,社会科学、经济与商业学科的优势更为突出;德国优势研究领域分布相对均衡;6个代表性国家中,日本产出份额相对最少,但在"理论物理""自旋电子学""纳米流体与热能工程""地壳运动与地球演化""荧光生物医用材料""植物基因调控""代谢研究""糖尿病""胰腺癌"等研究领域群的核心论文份额较高;法国优势研究领域均衡性比前两期弱一些,在"机器学习""汽车智能""气候变化""植物基因调控""动植物病虫害防治""肿瘤""免疫性疾病""蛋白质结构"等研究领域群表现更佳。

三、中国及科技强国在学科交叉研究领域的活跃度

> 美国、中国是在学科交叉研究领域中表现最好的两个国家。其中,中国的增长势头尤其突出,中国论文占比超过40%的学科交叉研究领域从2012~2017年

> 的33个增长到2014～2019年的44个，已经超过美国。中国覆盖的学科交叉研究领域数量几乎与美国相近，在与人工智能相关的工程技术领域、环境治理以及纳米科技相关学科交叉研究中覆盖面广、覆盖强度高。美国在生命科学和环境生态学相关的学科交叉研究领域中占据主导地位。

本节分析中国及科技强国在学科交叉研究领域中的科研活跃度。在科学结构图谱中叠加各国的核心论文数，每个学科交叉研究领域的国家份额用饼图展示。因限于尺寸无法在饼图中显示全部国家份额，因此只选择中国与4个科技强国（美国、英国、德国和日本）加以分析，后两节相同。

表5-4统计了五国覆盖的学科交叉研究领域数量。由于学科交叉研究领域数量较多，共有345个，有部分学科交叉研究领域中包含论文较少，因此表中只统计了163个核心论文数据量至少30篇的研究领域。

表5-4 中国及科技强国覆盖的学科交叉研究领域数量统计 （单位：个）

时期	分类	美国	中国	英国	德国	日本
2012～2017年	本国论文覆盖学科交叉研究领域数量（共145个）	144	128	117	112	76
2012～2017年	占比超过阈值的学科交叉研究领域数量（中、美的阈值为40%，英、德、日的阈值为15%）	51	33	15	7	3
2014～2019年	本国论文覆盖学科交叉研究领域数量（共163个）	159	155	136	138	65
2014～2019年	占比超过阈值的学科交叉研究领域数量（中、美的阈值为40%，英、德、日的阈值为15%）	38	44	13	4	2

美国、中国无疑是在学科交叉研究领域中表现最好的两个国家，不仅覆盖的学科交叉研究领域广，而且在参与的学科交叉研究领域中论文所占份额也高。美国共参与了159个，中国共参与了155个；美国与中国核心论文份额超过40%的学科交叉研究领域分别有38个和44个。如果对比科学结构图谱2012～2017中两国在学科交叉研究领域的表现，中国有了明显的提高，占比超过40%的交叉研究领域从33个增长到44个，已经超过美国，并且中国整体覆盖研究领域数量几乎与美国相近。

英国、德国虽然在参与的学科交叉研究领域数量上与美国、中国接近，但在学科交叉研究领域中的份额偏低，英国、德国两国核心论文份额最高的学科交叉研究领域仅为33%和23%，远远低于美国和中国，高于15%的学科交叉研究领域有13个和4个。日本核心论文份额超过15%的交叉研究领域只有2个，份额最高的为22%。

图5-8为2014~2019年美国、中国、英国、德国和日本五国在学科交叉研究领域的科研表现，各国在学科交叉研究领域的核心论文数在图中用饼图展示，饼图中份额越大表示该学科交叉研究领域包含的论文越多。研究领域中还包括其他国家的核心论

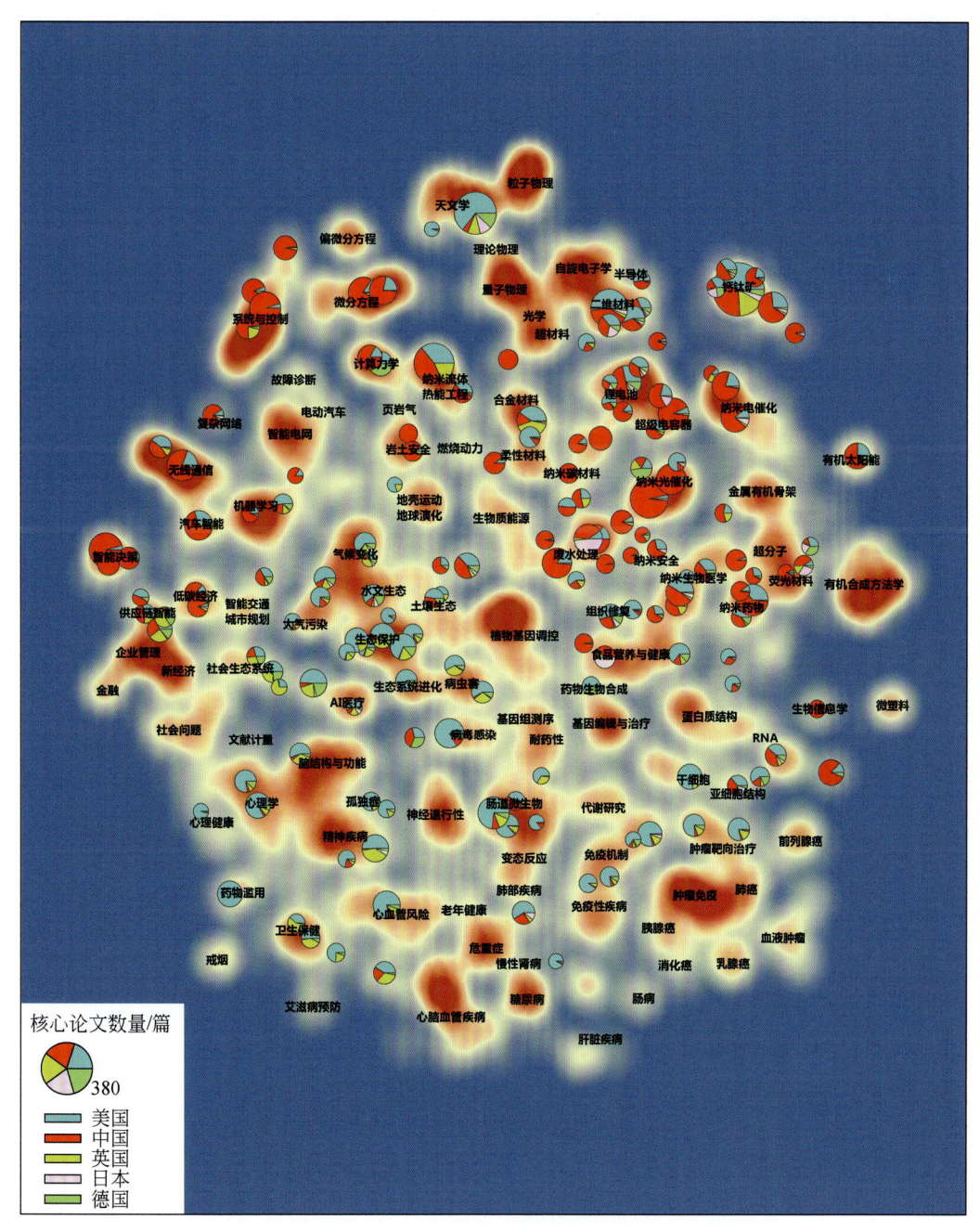

图5-8 2014~2019年学科交叉研究领域中五国的科研表现

文，但受限于饼图尺寸无法显示全部国家份额，因此只展示上述五国。图中可明显发现美国、中国核心论文在学科交叉研究领域覆盖范围存在明显的差异。饼图中红色部分为中国份额，中国占主导的学科交叉研究领域，主要集中在"无线通信""智能决策""系统与控制""纳米光催化"，在"纳米生物医学""纳米药物""钙钛矿材料与器件""锂电池""超级电容器"等研究方向上也占了很高的比例，与美国不相上下。饼图中蓝色部分为美国份额，美国占绝对主导的学科交叉研究领域主要集中在"生态""生态系统进化""心理学""肠道微生物与健康"等。

从中国、美国论文份额排名前 10 学科交叉研究领域（附录 2）来看，美国份额高的学科交叉研究领域主要集中在生命科学相关研究领域，中国份额高的学科交叉研究领域大部分都和纳米科技相关，其中有 2 个和纳米催化研究相关、2 个和材料研究相关、1 个和纳米生命科学相关。

四、中国及科技强国在新兴热点研究领域的活跃度

> 中国在新兴热点研究领域增长势头同样明显，新兴热点研究领域数量增幅达到 120%，核心论文份额超过 40% 的研究领域数量增长达到 250%，数量接近美国的 3 倍。
>
> 美国、中国和英国的新兴热点研究领域覆盖范围广、核心论文份额高，但覆盖范围有明显的差异，尤其是美国与中国。美国核心论文份额占主导的新兴热点研究领域依旧主要集中在生命科学等方面，且优势较为明显。中国核心论文份额占主导的新兴热点研究领域分布在"无线通信""岩土安全""废水处理""荧光生物医用材料""纳米安全"等方面。英国核心论文份额较多的新兴热点研究领域主要分布在"低碳经济""社会问题"等方面。

本节分析中国及科技强国在新兴热点研究领域中的科研表现。图 5-9 为 2014～2019 年美国、中国、英国、德国和日本 5 个国家在新兴热点研究领域中的科研活跃度。从图中可以看出，美国、中国和英国在新兴热点研究领域中的核心论文份额较多，远超德国和日本。美国和中国覆盖研究领域范围有明显的差异。美国核心论文份额占主导的新兴热点研究领域依旧主要集中在生命科学等方面，且优势较为明显，在"社会科学""气候变化"等方面也有较好的表现。中国核心论文份额占主导的新兴热点研究领域同样形成明显的聚集规模，主要分布在"无线通信""岩土安全""废水处理""荧光生物医用材料""纳米安全"等方面。英国核心论文份额较多的新兴热点研究领域主要分布在"低碳经济""社会问题"等方面，且多数英国占主导的新兴热点研究领域规模较小。德国、日本主导的新兴热点

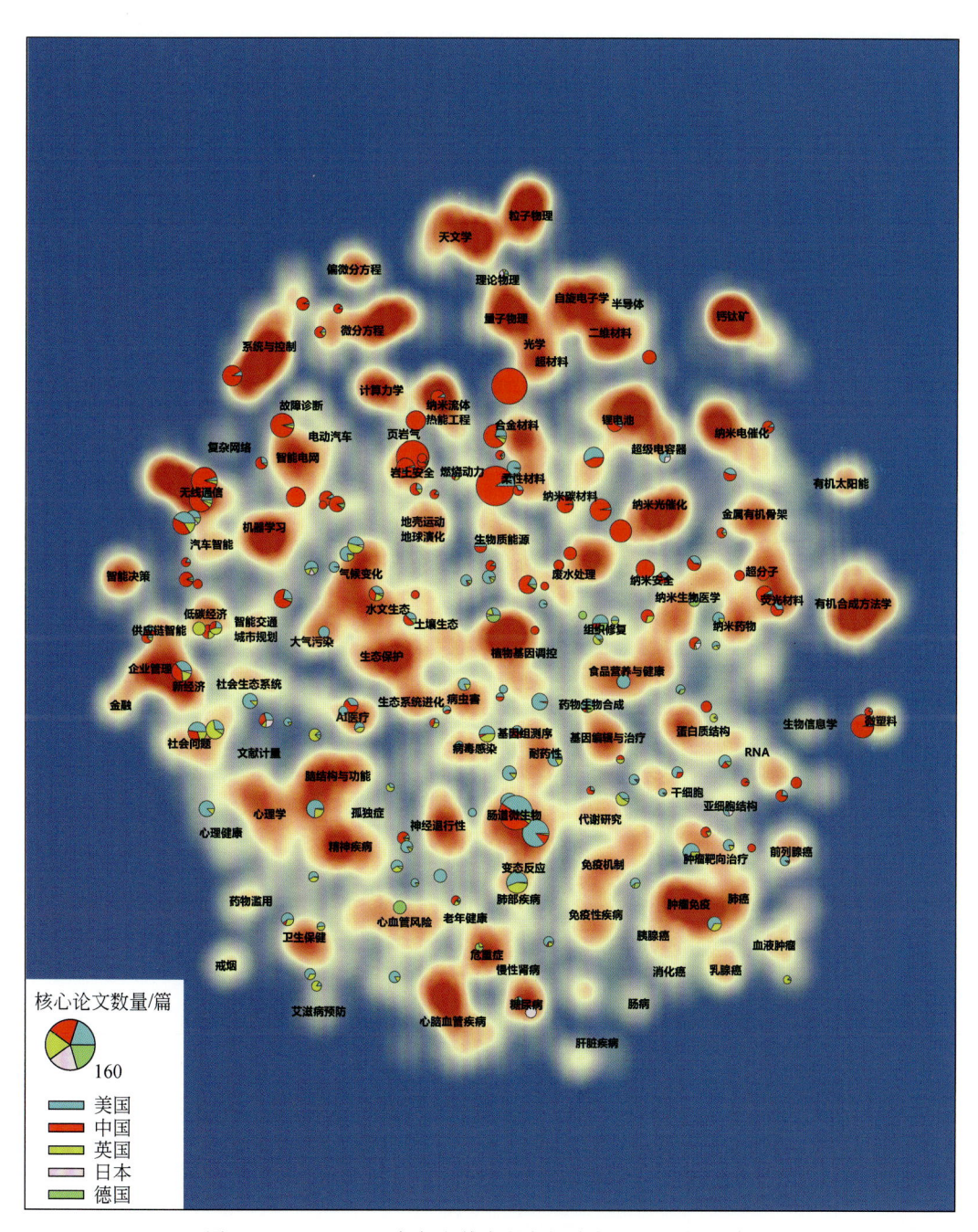

图 5-9　2014~2019 年新兴热点研究领域中五国的科研活跃度

研究领域较少，包含的核心论文数至少 7 篇的新兴热点研究领域只参与了 20 个。

表 5-5 为两个时期中国及科技强国覆盖新兴热点研究领域统计表。美国、中国无疑是在新兴热点研究领域中表现最好的两个国家。2014~2019 年，表中只统计了包

含 7 篇以上核心论文的新前沿，共 104 个，美国参与了 76 个，中国参与了 64 个。美国与中国核心论文份额超过 40% 的新兴热点研究领域分别有 13 个和 35 个。相比 2012~2017 年，在 2014~2019 年新兴热点研究领域中中国表现进步明显，尤其是份额超过 40% 的研究领域数量进步明显，从 29 个增加到 64 个。

英国和德国参与的新兴热点研究领域数量比中国、美国略少，且所占论文比例偏低。英国和德国份额最高的新兴热点研究领域仅为 34% 和 25%，远低于美国和中国，高于 15% 的新兴热点研究领域只有 11 个和 2 个。日本份额超过 15% 的新兴热点研究领域只有 1 个，份额最高的为 17%。

表 5-5　中国及科技强国覆盖新兴热点研究领域统计　　　　（单位：个）

时期	分类	美国	中国	英国	德国	日本
2012~2017 年	本国论文覆盖新兴热点研究领域数量	44	29	20	26	8
	份额超过阈值的新兴热点研究领域数量（中、美的阈值为 40%，英、德、日的阈值为 15%）	19	10	4	2	1
2014~2019 年	本国论文覆盖新兴热点研究领域数量	76	64	51	33	14
	份额超过阈值的新兴热点研究领域数量（中、美的阈值为 40%，英、德、日的阈值为 15%）	13	35	11	2	1

中国、美国论文份额排名前 10 新兴热点研究领域详情见附录 3。

五、中国及科技强国在对技术创新有影响的研究领域的表现

在本期科学结构图谱中，美国在对技术创新有影响的研究领域中占绝对的优势，占主导的研究领域依旧主要集中在生命科学。中国在对技术创新有影响的研究领域数量稳中有升，被专利引用核心论文占所有研究领域中被专利引用总核心论文的比例从 17% 增长到 25%，中国在 Top30 被专利引用的研究领域中的论文份额也提高到了 18%。中国对技术创新影响较大的研究领域群是"无线通信""机器学习""纳米光催化""纳米电催化""锂电池"。在这五个研究领域群中，中国核心论文份额都居首位。值得注意的是，在中国表现活跃的研究领域中，美国核心论文份额依旧占很大的比例，如与"无线通信""机器学习"相关的研究领域，而美国占优势的生命科学领域中，中国鲜有论文被专利引用。

本节分析中国及科技强国在对技术创新有影响的研究领域中的科研表现。在科

学结构图谱2014~2019中，被专利引用核心论文分布在864个研究领域中。因部分研究领域中被专利引用核心论文占比很低，笔者选择了至少10篇被专利引用核心论文的研究领域进行统计，这样的研究领域共有267个。从国家分布（表5-6）来看，2014~2019年，各国在对技术创新有影响的研究领域的覆盖率差别不明显，美国覆盖的研究领域略高，共有264个被专利引用，中国有214个，英国有215个，德国有216个，日本有200个。

表5-6 五国被专利引用核心论文的研究领域统计（含至少10篇核心论文）

时期	分类	美国	中国	英国	德国	日本
2012~2017年	本国论文覆盖被专利引用研究领域数量/个	271	218	223	232	159
	平均研究领域份额/%	58	17	16	15	9
	各国被专利引用Top30研究领域份额/%	67	14	14	13	4
2014~2019年	本国论文覆盖被专利引用研究领域数量/个	264	214	215	216	200
	平均研究领域份额/%	59	25	16	16	4
	各国被专利引用Top30研究领域份额/%	62	18	14	11	4

但是从被专利引用核心论文数世界份额来看，美国的优势明显，为59%，远远高于其他国家。中国被专利引用核心论文数世界份额为25%，排名第二，与中国全部核心论文数世界份额的21%接近。美国等科技强国被专利引用核心论文数世界份额却远高于全部核心论文数世界份额。从两个时间段对比数据中可以发现，中国被专利引用核心论文世界份额有了一定的提高，占比从17%增长到25%。

图5-10展示了2014~2019年美国、中国、英国、德国和日本5个国家被专利引用核心论文的研究领域科研活跃度。从图中可以看出，美国和中国被专利引用核心论文的研究领域数量远超英国、德国和日本，且覆盖范围的差异更加明显。美国占主导的研究领域主要集中在生命科学领域，少部分在"材料与器件"研究领域群，且优势较明显。英国、德国在医学研究领域群占有一定的份额，中国在大多数生命科学领域中鲜有被专利引用核心论文，只在"蛋白质结构""RNA""干细胞"等几个较少的研究领域内占有一定份额。

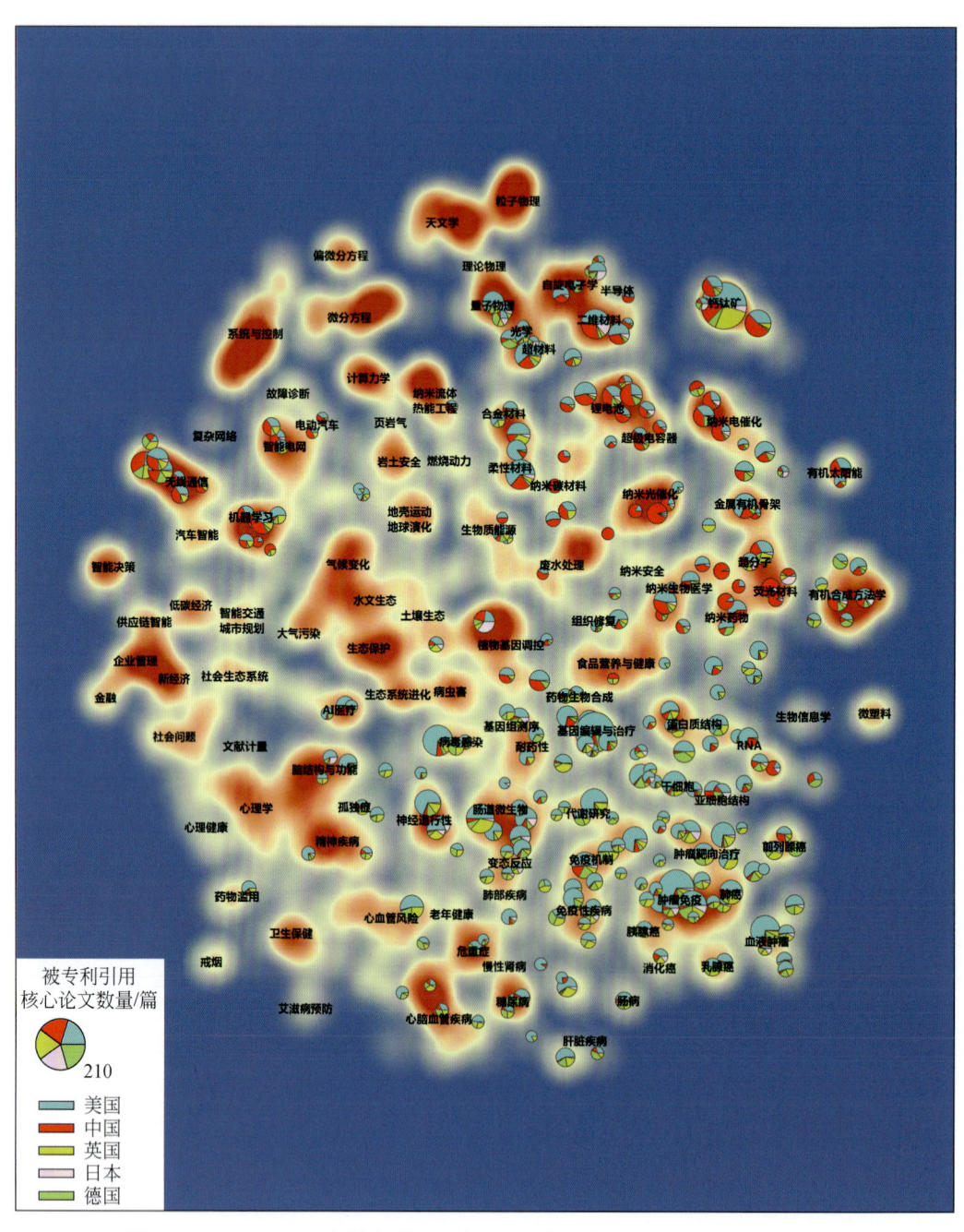

图 5-10　2014～2019 年被专利引用核心论文的研究领域中五国的科研活跃度

中国被专利引用核心论文较多的研究领域主要在图谱的上半部分，表现最好的研究方向为"无线通信""机器学习""纳米光催化""纳米电催化""锂电池"。在这五个研究方向中，中国被专利引用核心论文份额居首位。在其他相关领域，如"二维材料和器件""柔性材料",中国被专利引用核心论文数表现也较为出色,与美国被专利引用核心论文数不相上下。值得注意的是,在中国表现突出的研究领域中,美国被专利引用核心论文份额依旧能占很大的比例,在很多研究领域可以超过中国。比如,在"机器学习""锂电池"等研究领域,美国和中国被专利引用核心论文数基本相同,而美国占优势的生命科学领域中,中国鲜有被专利引用核心论文。

第六章　中国及代表性国家的国际合作

国际合著（co-authorship）指标是衡量跨国知识流的指标之一，从一个侧面反映了国与国之间的合作研究情况。本章在计算国家的核心论文和合著论文数量时，采用了整体计数法。一般而言，分数计数法常用于国家论文量的统计，整体计数法更多地应用于国际合著指标的统计。本章从两个侧面分析国际合著情况：一是世界各国在全部研究领域中的国际合著率，反映各国在世界上的整体合作情况；二是中国及代表性国家在科学结构图谱中各个研究领域的国际合著率。

> 观察中国：
>
> 在中国及11个代表性国家中，中国全研究领域国际合著率（均值）最低，但国际合作分布与美国越来越接近。中、美两国的全研究领域国际合著率（均值）明显低于其他代表性国家，美国上升趋势明显，增幅18.5%，中国增幅相对较低，为3.9%。2014～2019年，中国全研究领域国际合著率（均值）为52.1%，美国为62.0%，其他代表性国家均在75%以上。
>
> 中国对国际合著的依赖性逐步降低，科研实力也越来越强。比较三个时间段，12个国家中仅中国在完全依赖国际合作（国际合著率等于100%）的研究领域比例出现下降，从39.4%下降到36.0%，同时，缺乏国际合作（国际合著率等于0）的比例从10.4%下降到7.7%，这两个区间总体呈现下降趋势，说明中国参与国际合作研究活动的范围已经扩大，对国际合著的依赖性逐步降低，科研实力也越来越强。

中国在国际合作中的引领度逐年增强。在 2014~2019 年，中国核心论文数（整数计数）显著增长（世界排名第二位）。随着核心论文数的增加，中国国际合著的核心论文数也在显著上升，从 2010~2015 年的 3572 篇增长至 2014~2019 年的 7749 篇。中国国际合著论文中通讯作者的比例大幅提升，从 2012~2017 年开始超过美国，跃居 12 个国家首位，2014~2019 年中国合著论文通讯作者比例持续增加，达到 63.7%。

一、基于科学结构图谱观察世界国际合作

图 6-1 基于科学结构图谱，在各研究领域上叠加国际合著率，显示了全世界所有国家在科学结构图谱中国际合著率的分布情况。

从三期的演变中可以明显地看出，世界范围内的国际合作整体呈上升趋势，合作力度越来越强，国际合著率从 2010~2015 的 43.7% 上升到上一期的 47.1%，再上升到本期的 49.6%。在科学结构图谱 2014~2019 中，国际合著率最高的区域集中在"地壳运动与地球演化""生态学""植物基因调控"三个研究领域群。从学科角度看，本期国际合著率的分布与上一期基本一致。"空间科学"国际合著率最高，接近 85%，上一期略低，为 79.8%；本期国际合著率最低的学科是"化学"，为 34.5%，上一期为 32.4%。除"空间科学"外，还有四个学科的国际合著率超过 55%，依次是"交叉学科"（59.7%）、"地球科学与环境"（56.6%）、"物理学"（56.0%）、"计算机科学"（55.9%）。除"化学"外，国际合著率低于 40% 的学科还有"材料科学"（39.5%）。

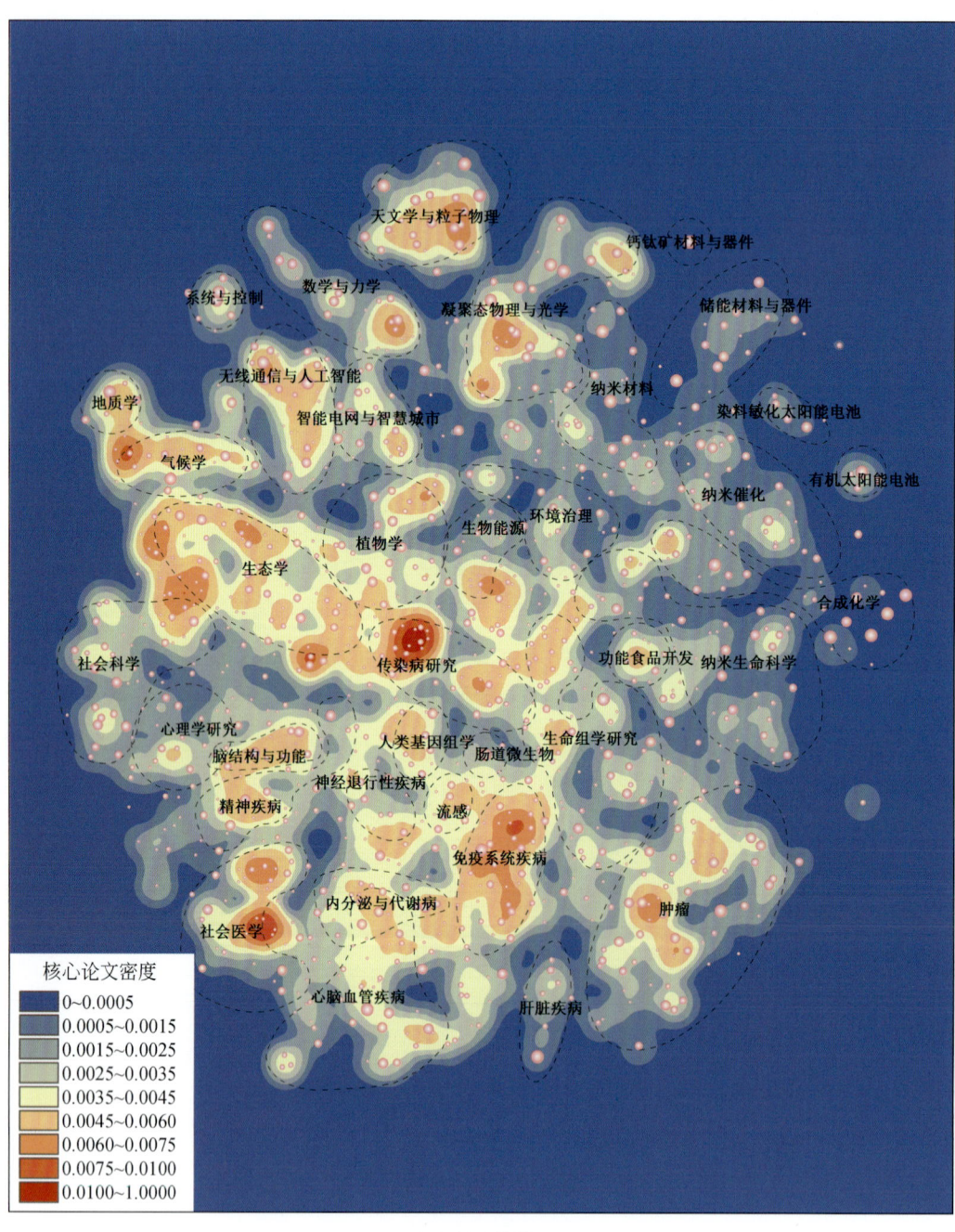

(a)2010~2015年

图 6-1　三个时期基于科学结构图谱的国际合著率分布

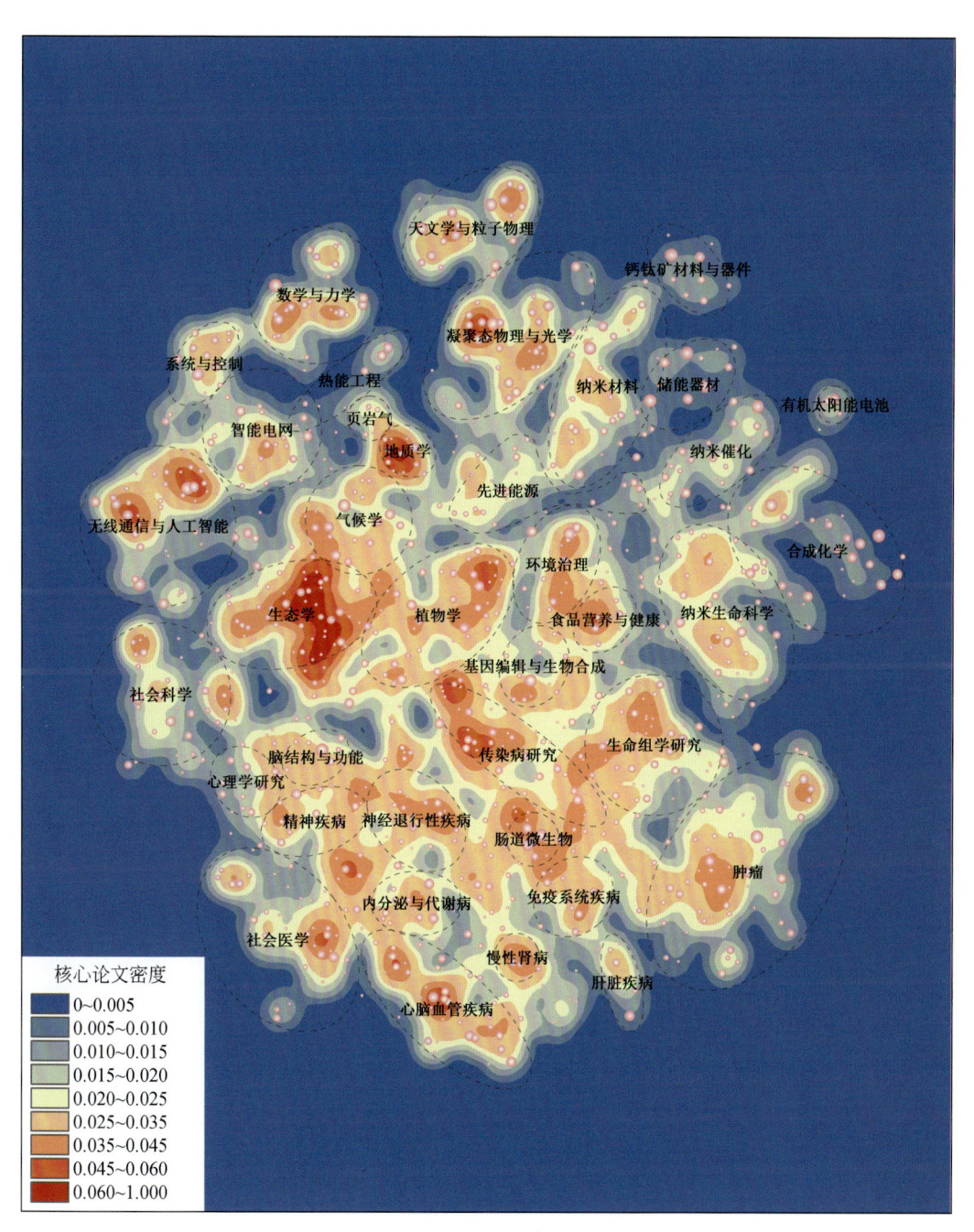

(b) 2012~2017年

图 6-1　三个时期基于科学结构图谱的国际合著率分布（续）

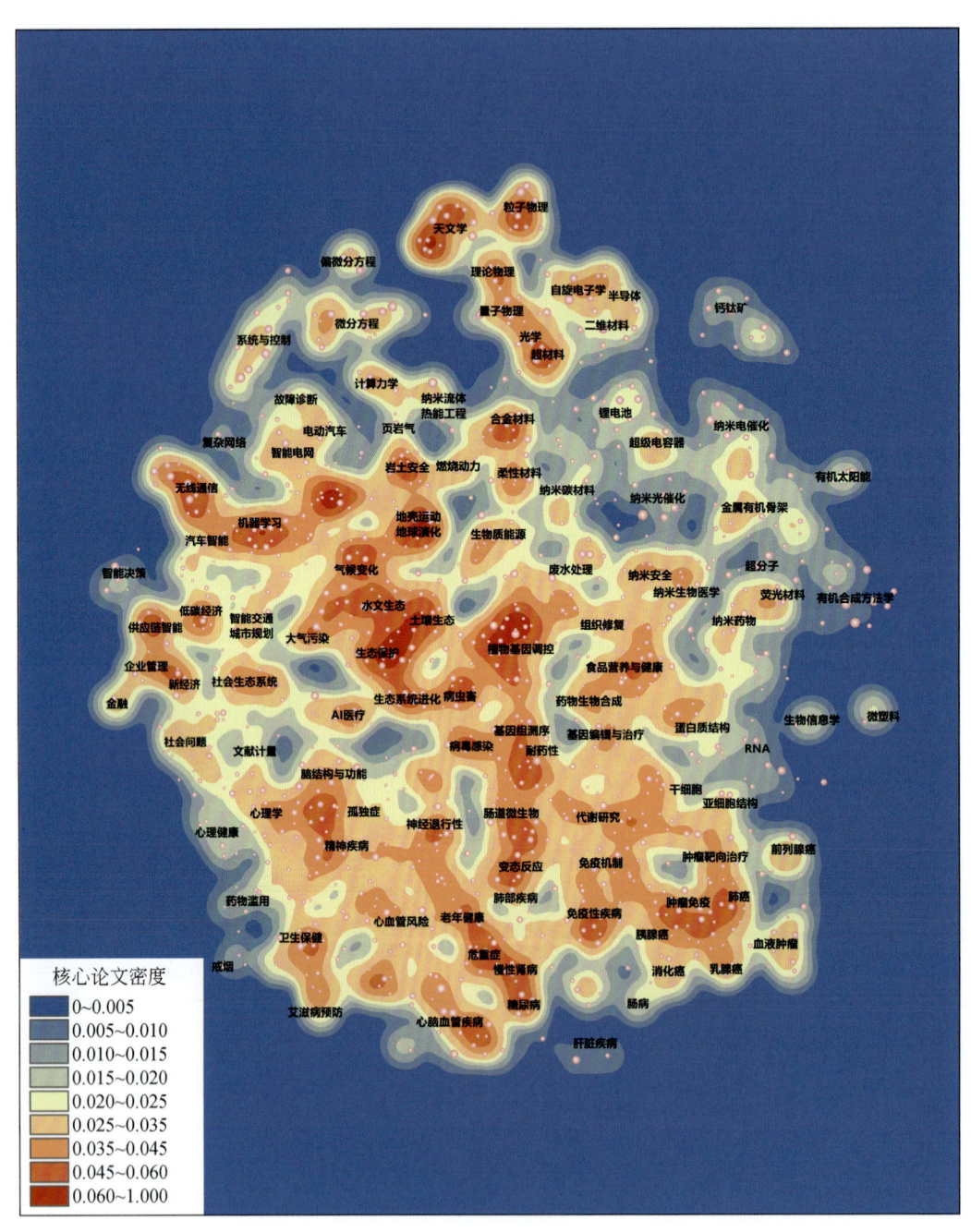

(c)2014~2019年

图 6-1 三个时期基于科学结构图谱的国际合著率分布（续）

二、中国及代表性国家国际合作时序变化

本节使用象限图显示全部研究领域中 11 个国家（不包括美国[①]）核心论文数与国际合著率的关系。三期内，核心论文数排名前 30 位的国家及地区的国际合著率平均值逐期增加，从 80.4% 增长到 85.5%，说明世界范围内的国际合著率呈持续上升趋势。除南非外，其他国家的国际合著率均有一定幅度的上升，发达国家上升的幅度略大。上升幅度最大的国家为美国，同比增长率达到 18.5%；其次是日本，增长率为 17.9%；第三是韩国，增长率为 10.4%。中国的上升幅度较小，增长率为 3.9%，在 12 个国家中排第 9 位，略高于巴西（3.0%）、俄罗斯（2.7%）、南非（–0.4%）。

> 象限图说明：
>
> 本章采用如图 6-2 所示的象限图形式描述核心论文数（整数计数，下同）及国际合著率的关系，并按核心论文数排名前 30 位的国家及地区的核心论文数的平均值与国际合著率的平均值作为象限分割原点，将整个区域划分为 A、B、C、D 4 个区域。A 区域中的国家，核心论文数高于平均值但国际合著率低于平均值；B 区域的国家，核心论文数及国际合著率均高于平均值。A、B 区域中的国家研究实力强。C 区域中的国家，核心论文数低于平均值但国际合著率高于平均值，说明比较依赖国际合作取得重要研究成果；D 区域中的国家，国际合著率及核心论文数均低于平均值，其研究实力虽不强，但有一定的自主研发性。
>
> 图 6-2 核心论文数与国际合著率的关系示意图

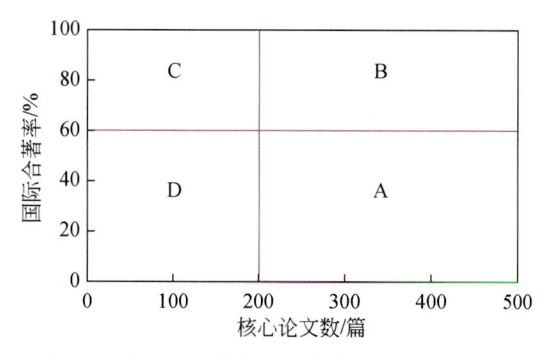

从象限图（图6-3）中可看出，11 个国家中，除澳大利亚和德国象限分布出现变动外，其他国家在 4 个象限中的分布基本稳定，仅稍有变化。中国在三期中都处于 A 区域，核心论文数显著增长，世界排名上升到第 2 位；而且，随着核心论文数的增加，中国国际合著的核心论文数也在显著上升，从 2010～2015 年的 3572 篇增长到 2014～2019

---

① 美国在各个时期都属于 A 区域，但由于美国的核心论文数远高于其他国家，不宜与其他国家在同一象限图中描述，因此，本章图 6-3 和图 6-4 中不包括美国。

年的 7749 篇。中国的国际合著率是 12 个国家中最低的国家，保持在略高于 50%，三期国际合著率依次为 50.1%、53.9%、52.1%。三期中，澳大利亚国际合著率从 2010~2015 年的 81.6% 增长到 2014~2019 年的 86.8%，且首尾两期均位于 B 区域下边界，而 2012~2017 年国际合著率为 83.1%，位于 A 区域上边界。三期中，德国前两期处在 A 区域上边界，在本期中德国国际合著率略高于国际合著率均值，为 85.8%，处于 B 区域下边界。同处于 A 区域的还有英国，且英、德两国的国际合著率均接近国际合著率均值线。法国三期都接近 B 区域的下边界。巴西、俄罗斯、南非始终处于 C 区域，本期国际合著率均在 90% 以上。其中俄罗斯最高，达到 97.0%，在全部 914 篇核心论文中，仅有 27 篇为非国际合著论文。韩国、印度、日本三期都处于 D 区域。

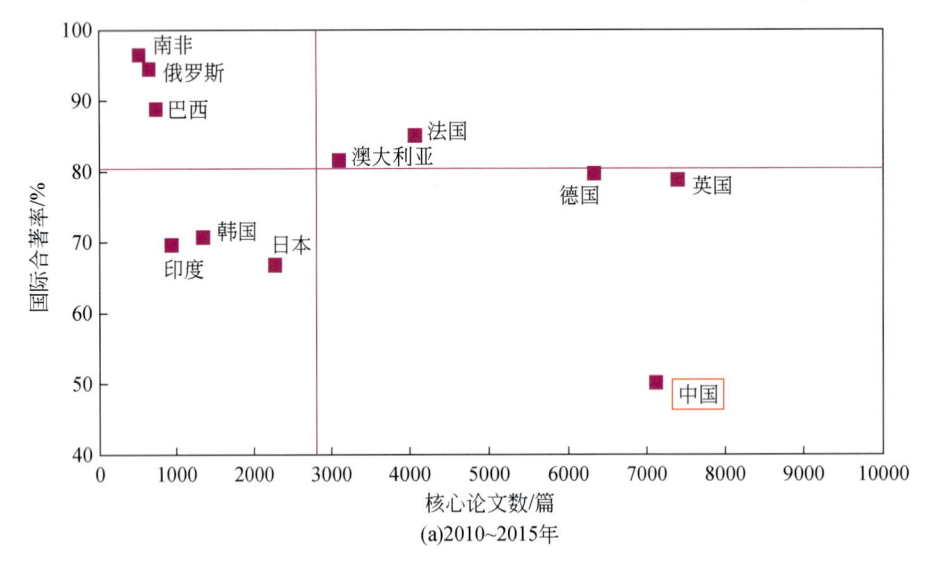

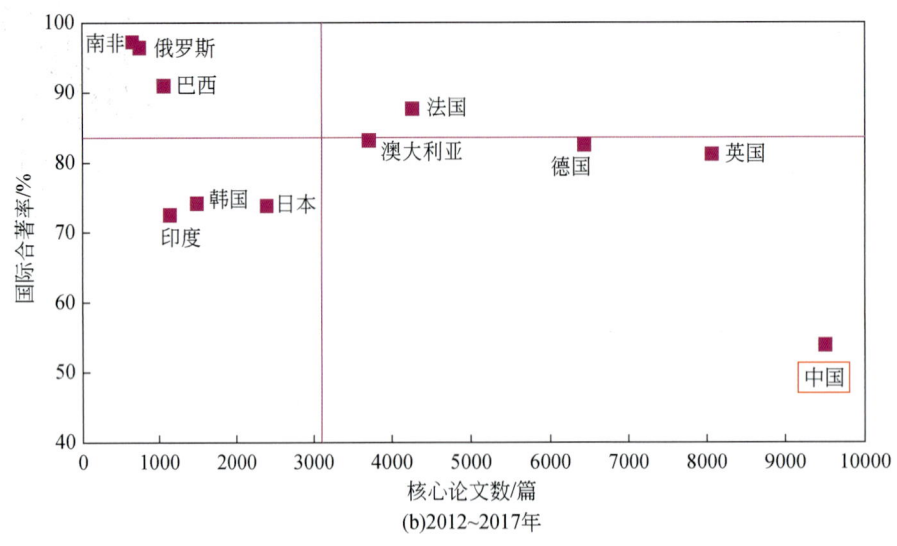

图 6-3 全部研究领域中 11 个国家的核心论文数与国际合著率的关系

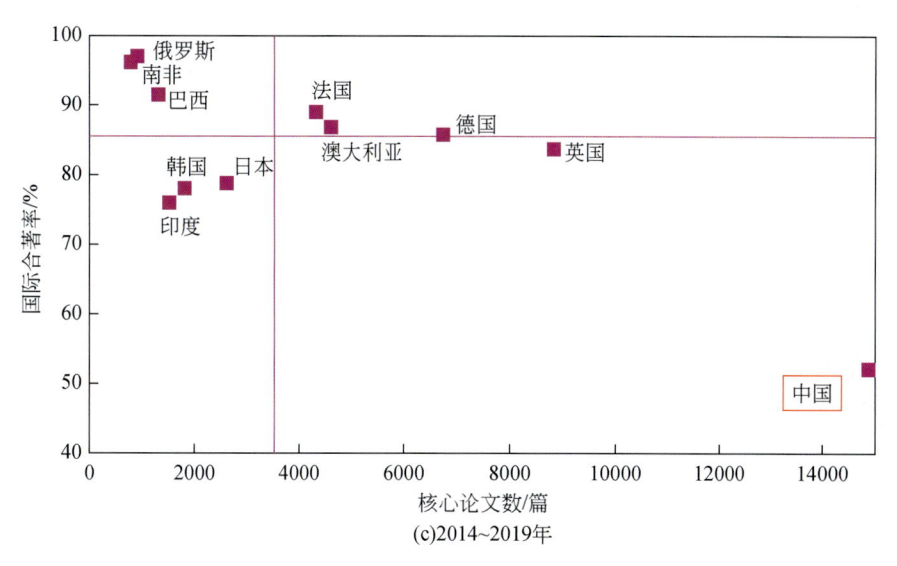

图 6-3 全部研究领域中 11 个国家的核心论文数与国际合著率的关系（续）

合著作者在国际合作中有不同的角色，仅仅依赖国际合著率的高低并不能观察到一个国家在合作中的地位。通常，论文的通讯作者是一项科研工作的主要负责人，因此通讯作者论文可以在一定程度上反映出科研的主导性。我们考察了合著论文中通讯作者所在国，以辅助分析在国际合作中起主导作用的国家。如图 6-4 所示，总体上，中国的国际合著论文通讯作者的比例大幅提升，从 2012～2017 年开始超过美国，跃居 12 个代表性国家的首位。2014～2019 年中国合著论文通讯作者比例持续增加，达到 63.7%。尽管中国的国际合著率总体较低，但中国在高水平研究中的骨干作用在逐

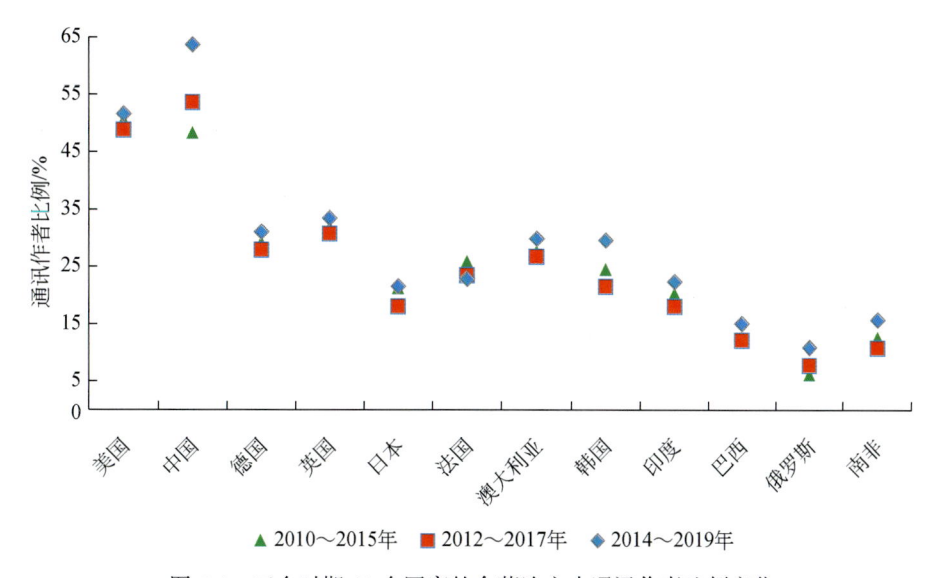

图 6-4 三个时期 12 个国家的合著论文中通讯作者比例变化

第六章 中国及代表性国家的国际合作

年增强。代表性国家中，合著论文通讯作者比例普遍呈现上升趋势。其中，俄罗斯增幅最大，高达77.3%，从2010~2015年的6.17%提高到2014~2019年的10.94%；其次是中国，增幅为32.0%，从2010~2015年的48.29%提高到2014~2019年的63.74%；增幅超过20%的代表性国家还有巴西（24.8%）、南非（24.6%）、韩国（20.6%）。法国是唯一出现下降的国家，降幅为11.6%，从2010~2015年的25.84%下降到2014~2019年的22.83%。

三、基于科学结构图谱观察中国及代表性国家国际合作的变化

本节在科学结构图谱中展示各个国家在各研究领域中的国际合著率，以反映中国及代表性国家在各个研究领域的合作研究情况。

首先观察中国及代表性国家拥有核心论文的研究领域及国际合著率分布情况（表6-1）。总体而言，中、美两国的全研究领域国际合著率（均值）明显低于其他代表性国家，但美国上升趋势明显，中国增幅较低。2014~2019年，中国全研究领域国际合著率（均值）为52.1%，美国为62.0%，其他代表性国家均在75%以上。同时，美国完全依赖国际合作（国际合著率等于100%）的研究领域同样增幅明显，从2010~2015年的7.0%提升到2014~2019年的17.0%，但仍远低于其他代表性国家；缺乏国际合作（国际合著率等于0）的比例从4.2%下降到3.6%，处于代表性国家中的低位。中国在这两个区间的研究领域比例均高于美国。值得注意的是，三期比较，12个国家中仅中国完全依赖国际合作的研究领域比例出现小幅下降，从39.4%下降到36.0%；同时，缺乏国际合作的比例从10.4%下降到7.7%。这两个区间总体呈现下降趋势，说明中国参与国际合作研究活动的范围已经加强，对国际合著的依赖性逐步降低，科研实力也越来越强。2014~2019年，德国和英国在各个区间的比例均比较接近；法国、日本和澳大利亚比较接近；韩国和印度各个区间的比例基本一致。上述国家，完全依赖国际合作的研究领域占比均相对较大，最低的英国占比48.1%，然后是德国，占比57.7%，其余均在60%以上。

总体上，国际合著率等于100%的研究领域比例呈现增长趋势，增长率最高的是美国，增幅超过一倍，为141.8%；其他增幅超过20%的国家为德国（28.4%）、日本（27.8%）和英国（25.7%）；中国是12个国家中唯一呈现下降趋势的国家，降幅为8.7%。

图6-5~图6-7显示了中国及美国、德国、英国、日本、法国按研究领域在科学结构图谱上的国际合著率情况。基于三期科学结构图谱，叠加6个代表性国家在不同研究领域中合著论文份额，观察这些国家在不同研究领域的分布变化，颜色越暖的区域份额越高。

表 6-1 中国及代表性国家的国际合著率分布情况对比　　　（单位：%）

分类	时期	美国	中国	德国	英国	日本	法国	澳大利亚	韩国	印度	巴西	俄罗斯	南非
全研究领域国际合著率（均值）	2010~2015年	52.3	50.1	79.7	78.8	66.8	85.1	81.6	70.7	69.6	88.8	94.5	96.5
	2012~2017年	56.4	53.9	82.5	81.2	73.8	87.7	83.2	74.2	72.5	91.0	96.4	97.3
	2014~2019年	62.0	52.1	85.8	83.7	78.8	89.0	86.8	78.0	76.0	91.5	97.0	96.2
	增幅	18.5	3.9	7.6	6.2	17.9	4.6	6.4	10.4	9.1	3.0	2.7	-0.3
等于100%的研究领域比例	2010~2015年	7.0	39.4	44.9	38.3	51.1	56.3	56.9	62.4	61.6	80.2	92.0	91.7
	2012~2017年	11.7	39.2	48.7	38.7	58.4	62.1	61.6	64.0	62.5	83.4	92.1	91.5
	2014~2019年	17.0	36.0	57.7	48.1	65.3	64.9	65.5	64.3	65.3	83.7	93.3	93.1
	增幅	141.8	-8.7	28.4	25.7	27.8	15.3	15.1	3.1	6.0	4.4	1.4	1.6
介于均值与100%间的研究领域比例	2010~2015年	41.3	21.9	16.2	19.4	10.5	7.9	7.1	5.3	2.0	0.0	0.0	0.6
	2012~2017年	39.7	24.7	14.6	19.6	9.6	5.9	8.0	4.5	3.9	0.5	0.0	0.0
	2014~2019年	38.7	27.6	9.5	14.2	5.0	3.3	5.8	4.0	3.4	0.2	0.3	0.4
	增幅	-6.2	26.2	-41.3	-26.9	-52.3	-58.7	-18.1	-24.8	67.6	—	—	-34.8
介于0与均值间的研究领域比例	2010~2015年	47.5	28.4	32.2	36.3	21.5	29.2	26.9	15.4	15.0	11.4	5.3	2.8
	2012~2017年	45.3	29.2	30.5	36.0	22.0	26.8	24.5	15.8	14.4	9.5	3.3	4.5
	2014~2019年	40.7	28.7	28.6	32.4	21.8	26.7	23.8	19.4	18.6	8.3	4.4	3.3
	增幅	-14.3	1.3	-11.2	-10.6	1.0	-8.4	-12.1	25.5	24.1	-27.3	-17.9	17.4
等于0的研究领域比例	2010~2015年	4.2	10.4	6.7	6.0	16.9	6.6	9.1	16.9	21.4	8.4	2.7	5.0
	2012~2017年	3.3	6.9	6.2	5.6	10.1	5.3	5.9	15.8	19.3	6.5	4.6	4.0
	2014~2019年	3.6	7.7	4.2	5.2	8.0	5.1	5.0	12.3	12.7	7.8	2.0	3.3
	增幅	-14.9	-25.5	-37.0	-12.7	-52.8	-22.6	-44.6	-26.9	-40.6	-7.4	-24.2	-34.8

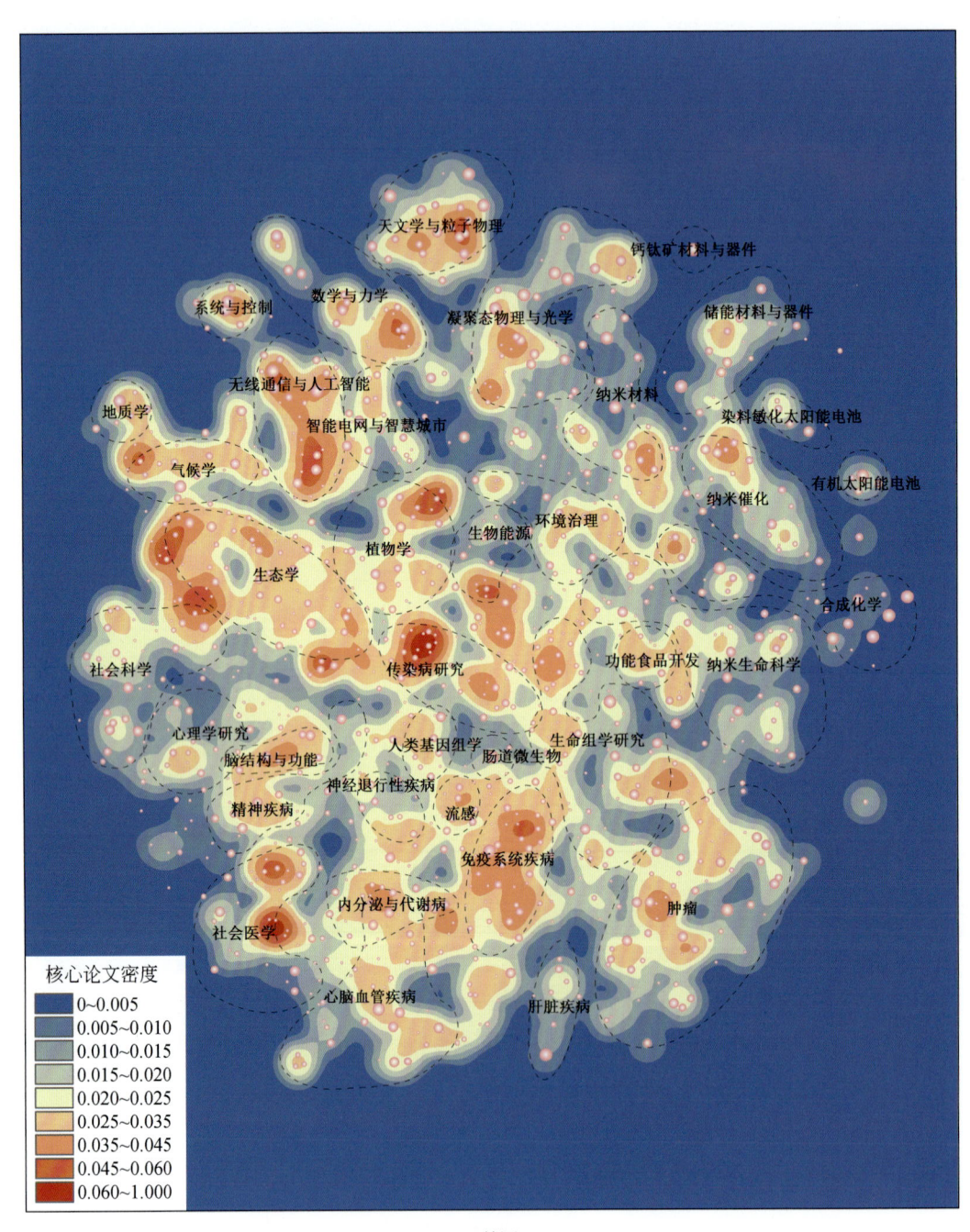

(a)美国

图 6-5 2010~2015 年中国及 5 个代表性国家核心论文国际合著率分布图

(b)中国

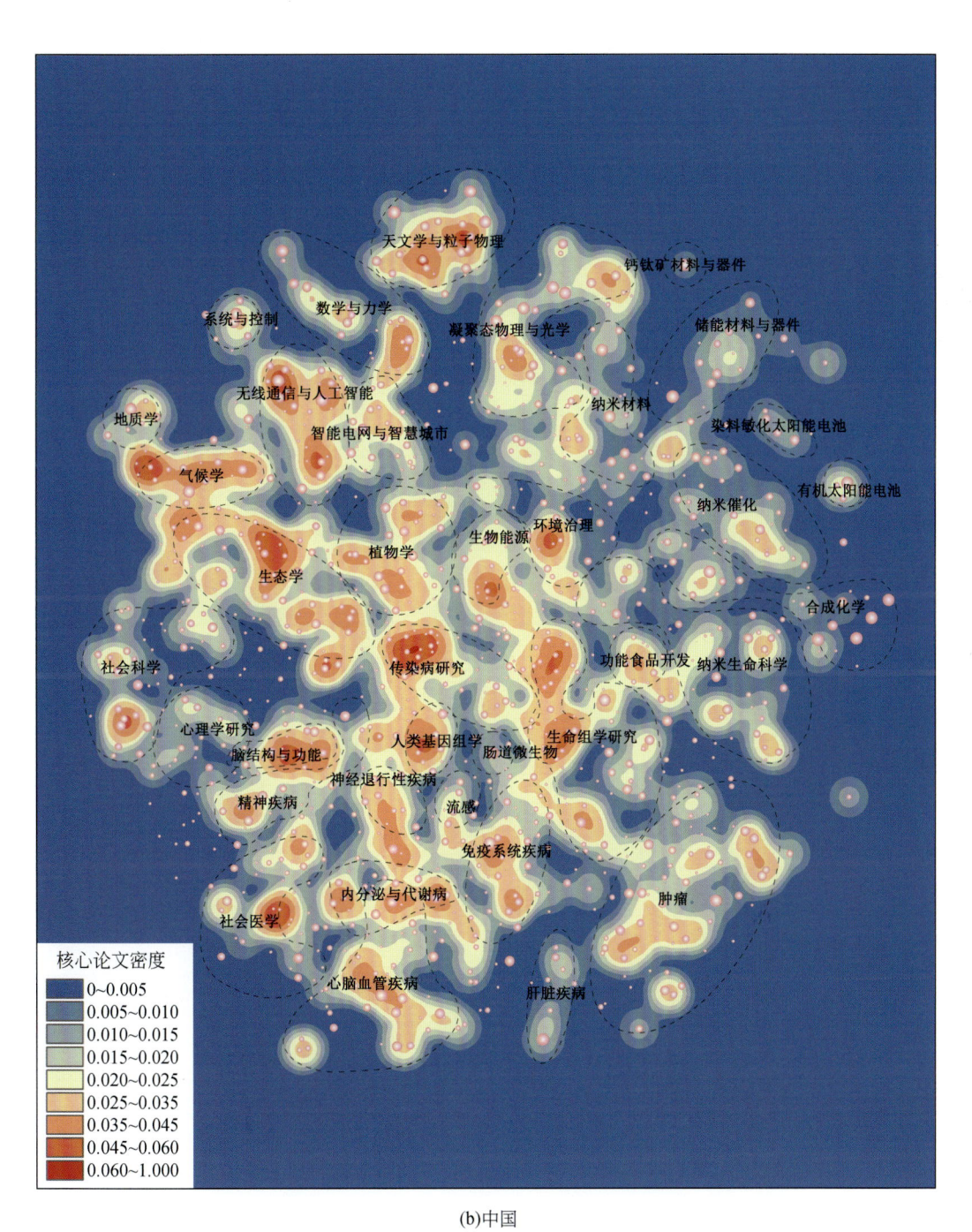

图 6-5　2010～2015 年中国及 5 个代表性国家核心论文国际合著率分布图（续）

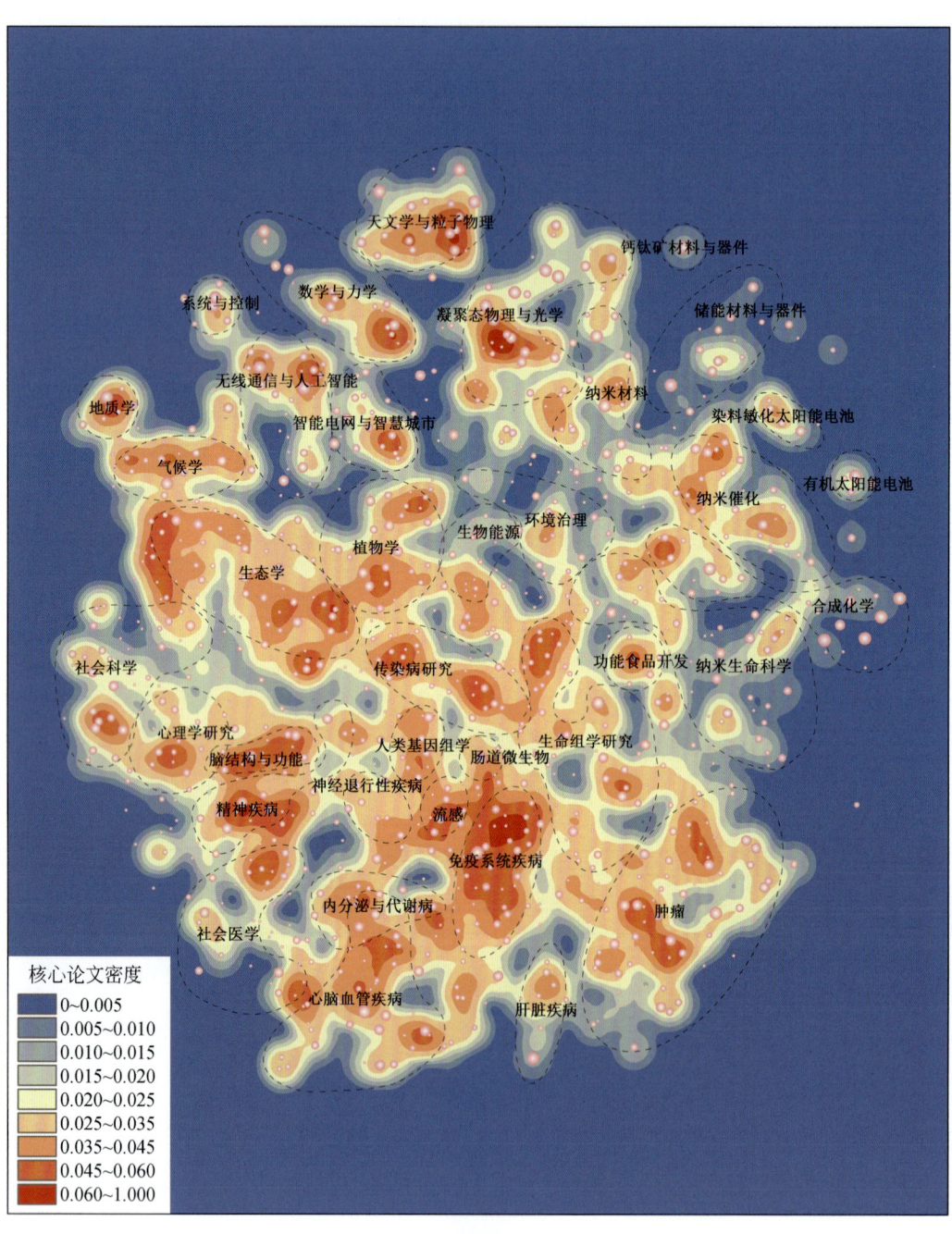

(c)德国

图 6-5　2010~2015 年中国及 5 个代表性国家核心论文国际合著率分布图（续）

(d)英国

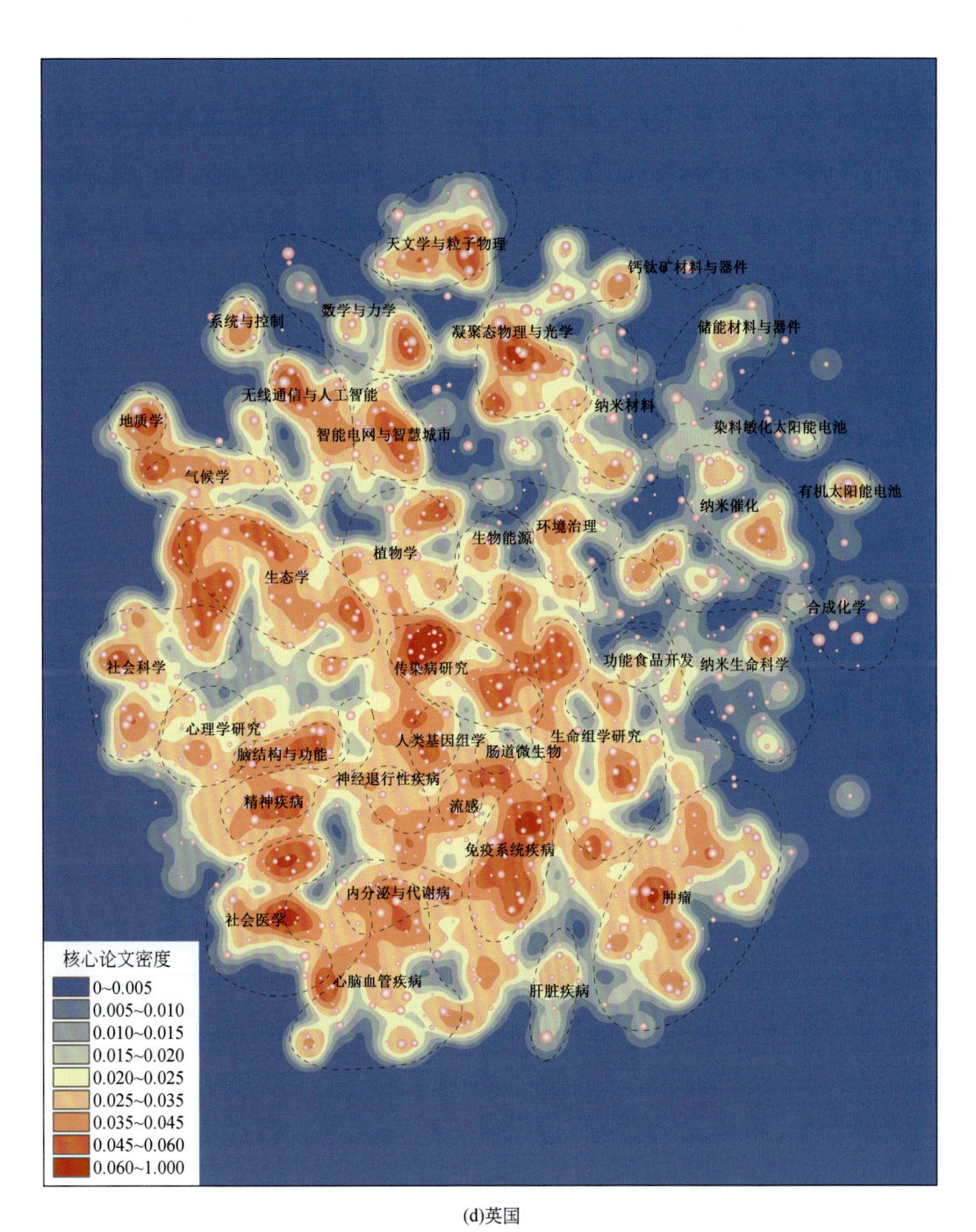

图 6-5　2010～2015 年中国及 5 个代表性国家核心论文国际合著率分布图（续）

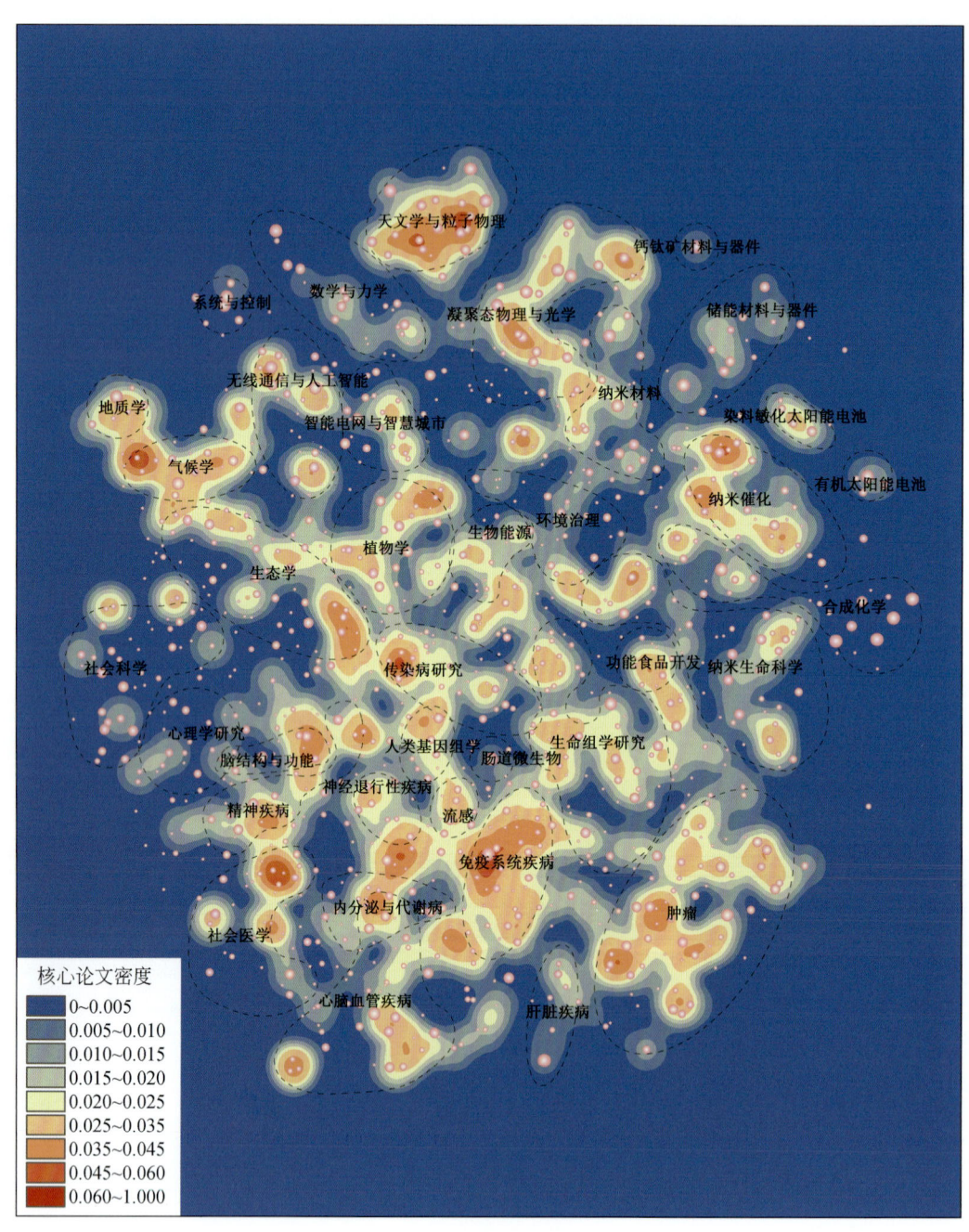

(e)日本

图 6-5 2010～2015 年中国及 5 个代表性国家核心论文国际合著率分布图（续）

(f)法国

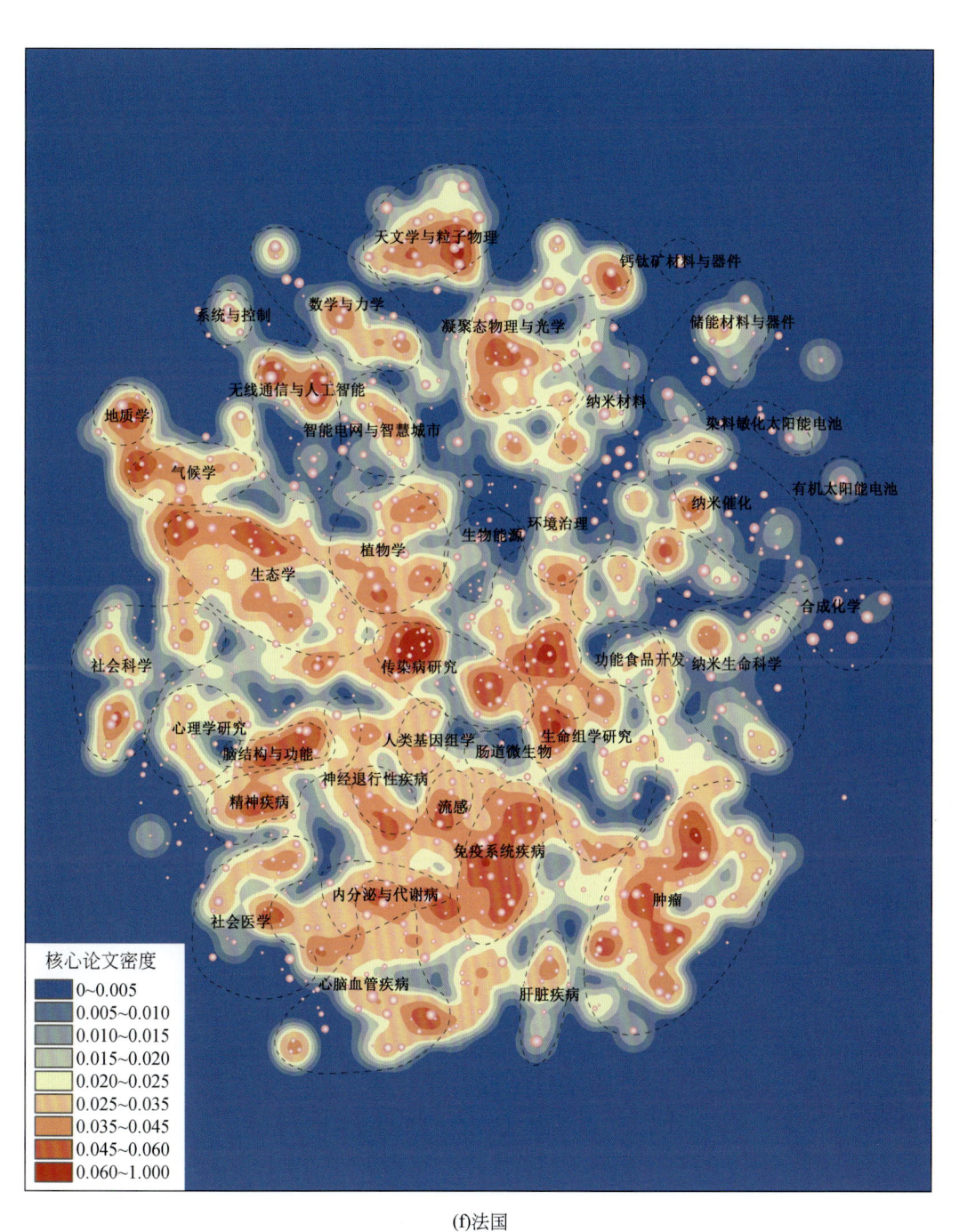

图 6-5　2010~2015 年中国及 5 个代表性国家核心论文国际合著率分布图（续）

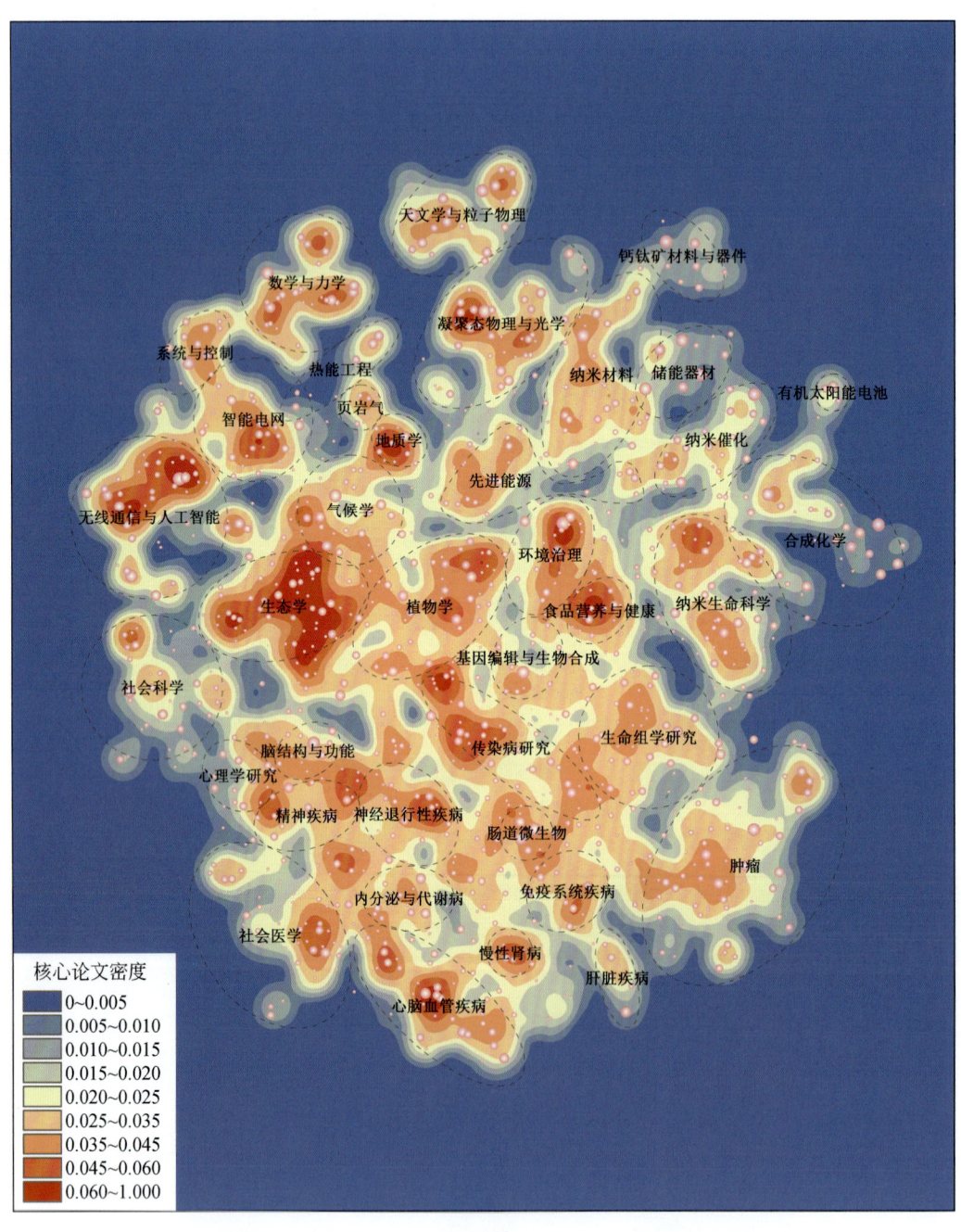

(a)美国

图6-6 2012～2017年中国及5个代表性国家核心论文国际合著率分布图

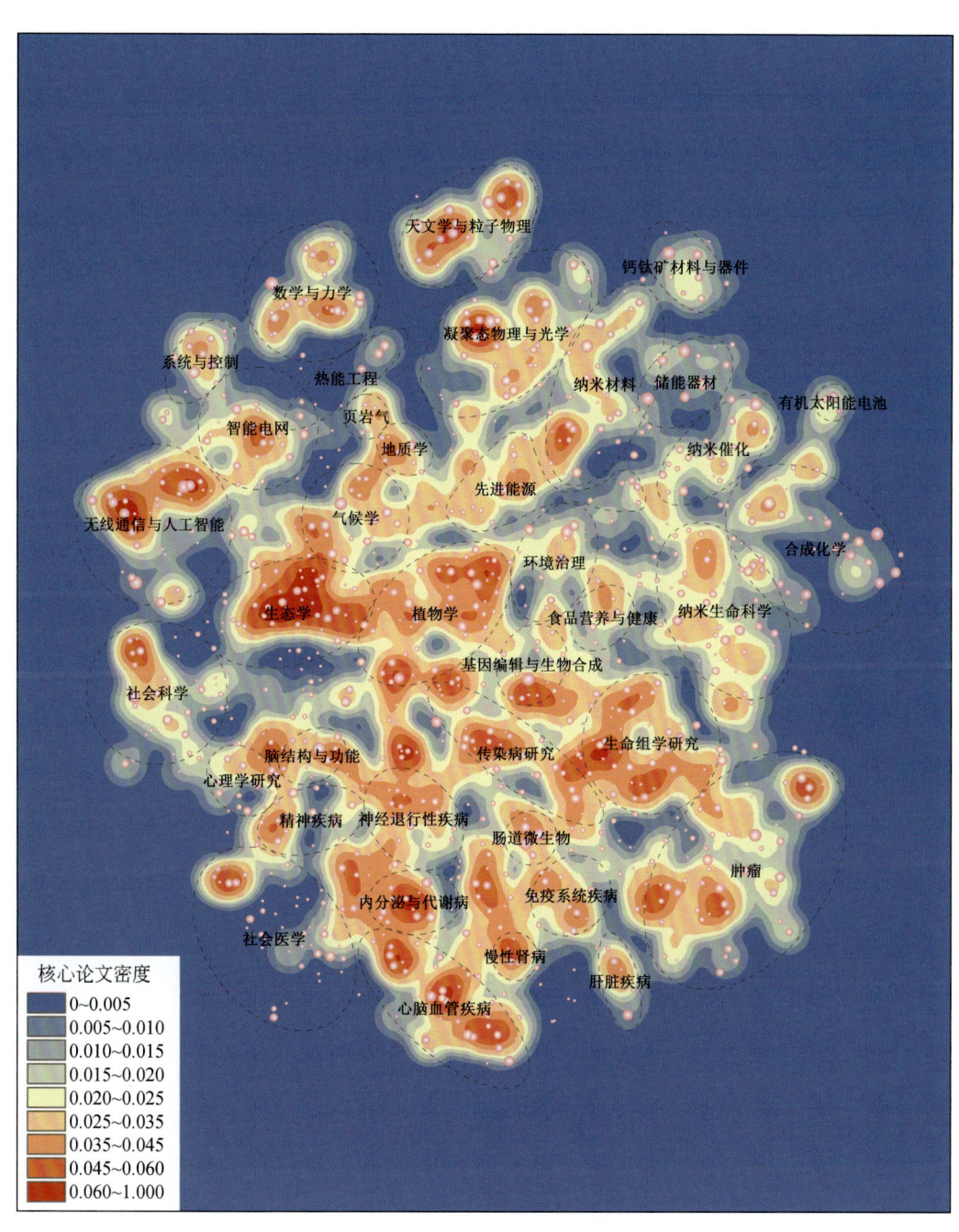

(b)中国

图 6-6　2012～2017 年中国及 5 个代表性国家核心论文国际合著率分布图（续）

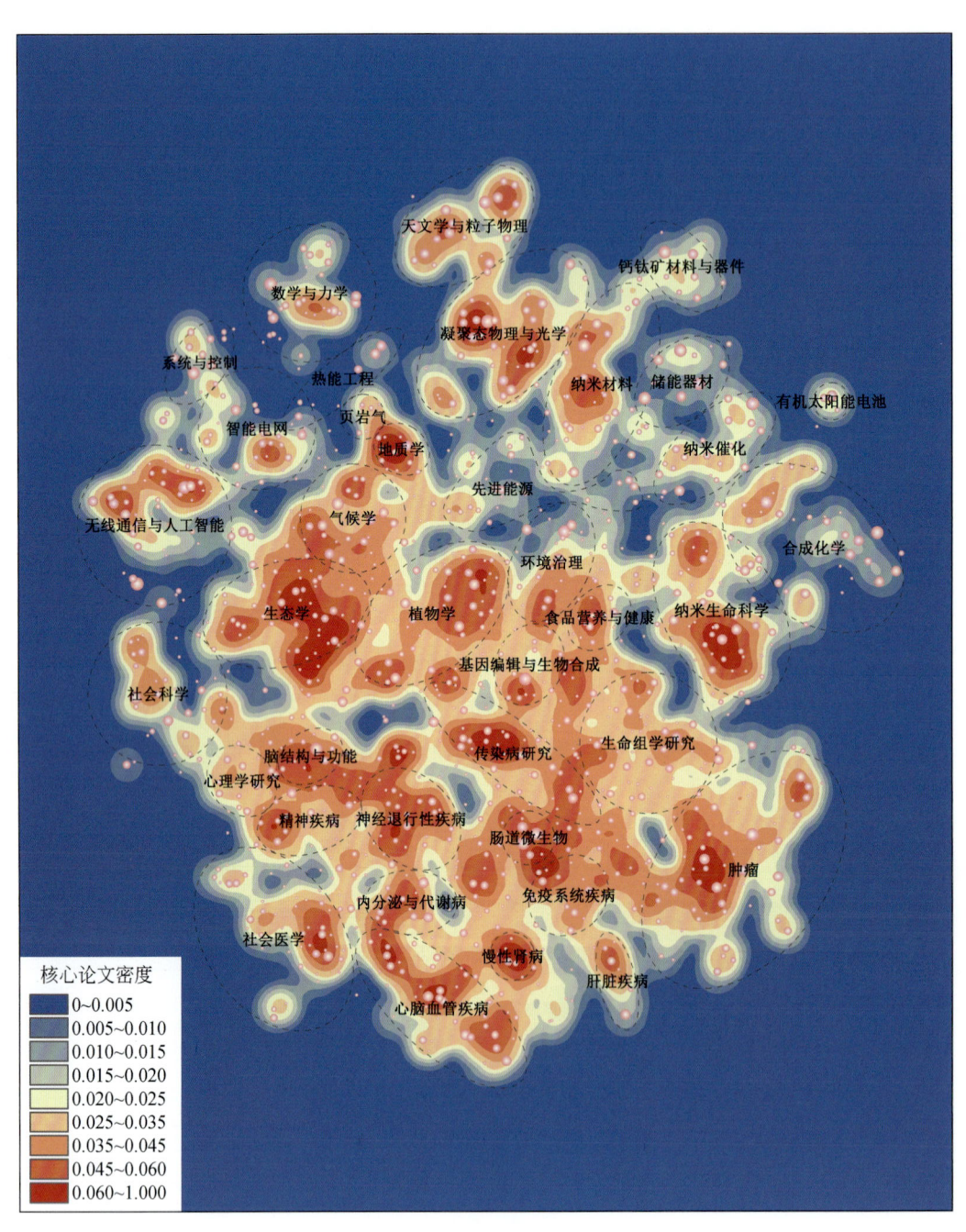

(c)德国

图 6-6　2012～2017 年中国及 5 个代表性国家核心论文国际合著率分布图（续）

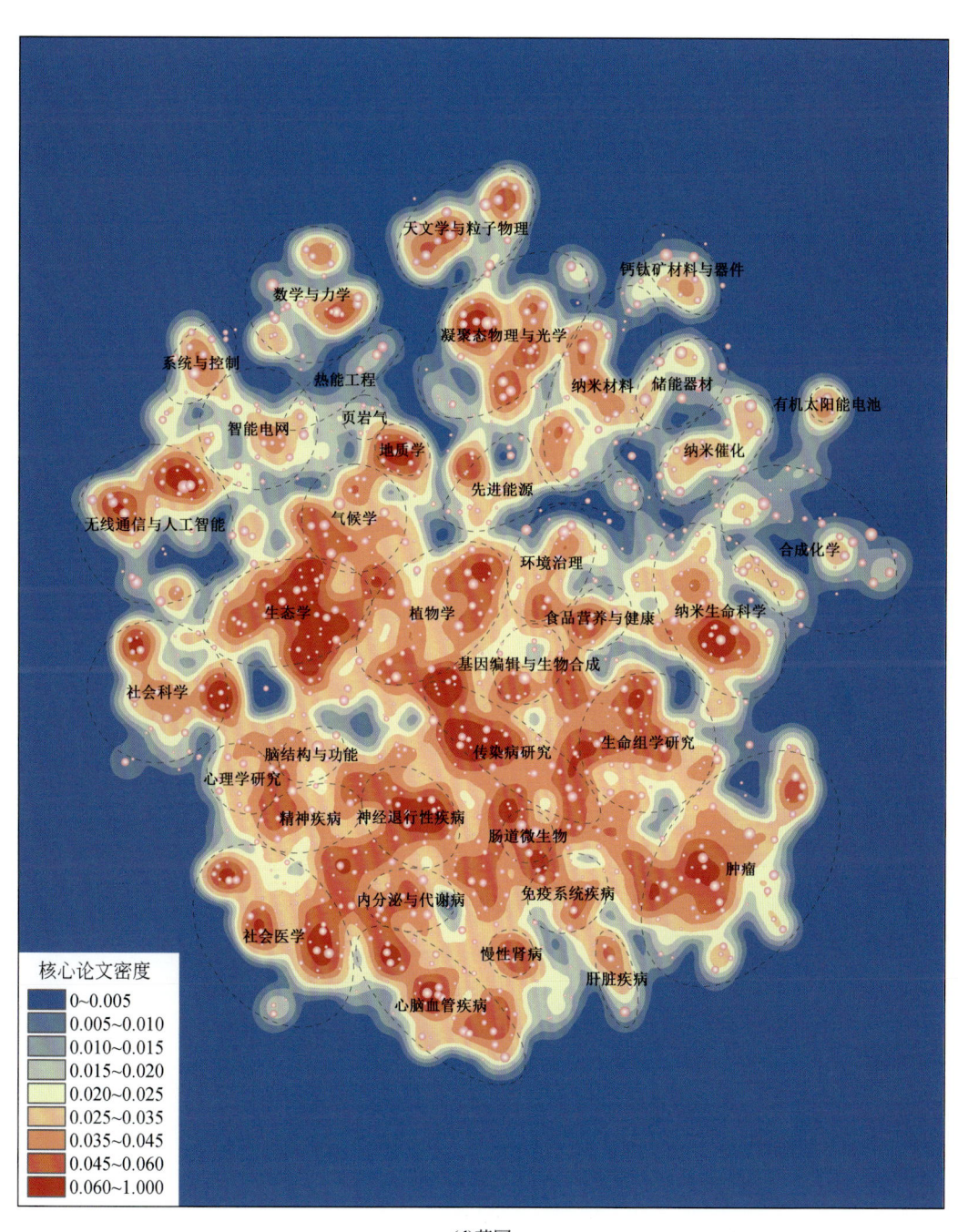

(d) 英国

图 6-6　2012～2017 年中国及 5 个代表性国家核心论文国际合著率分布图（续）

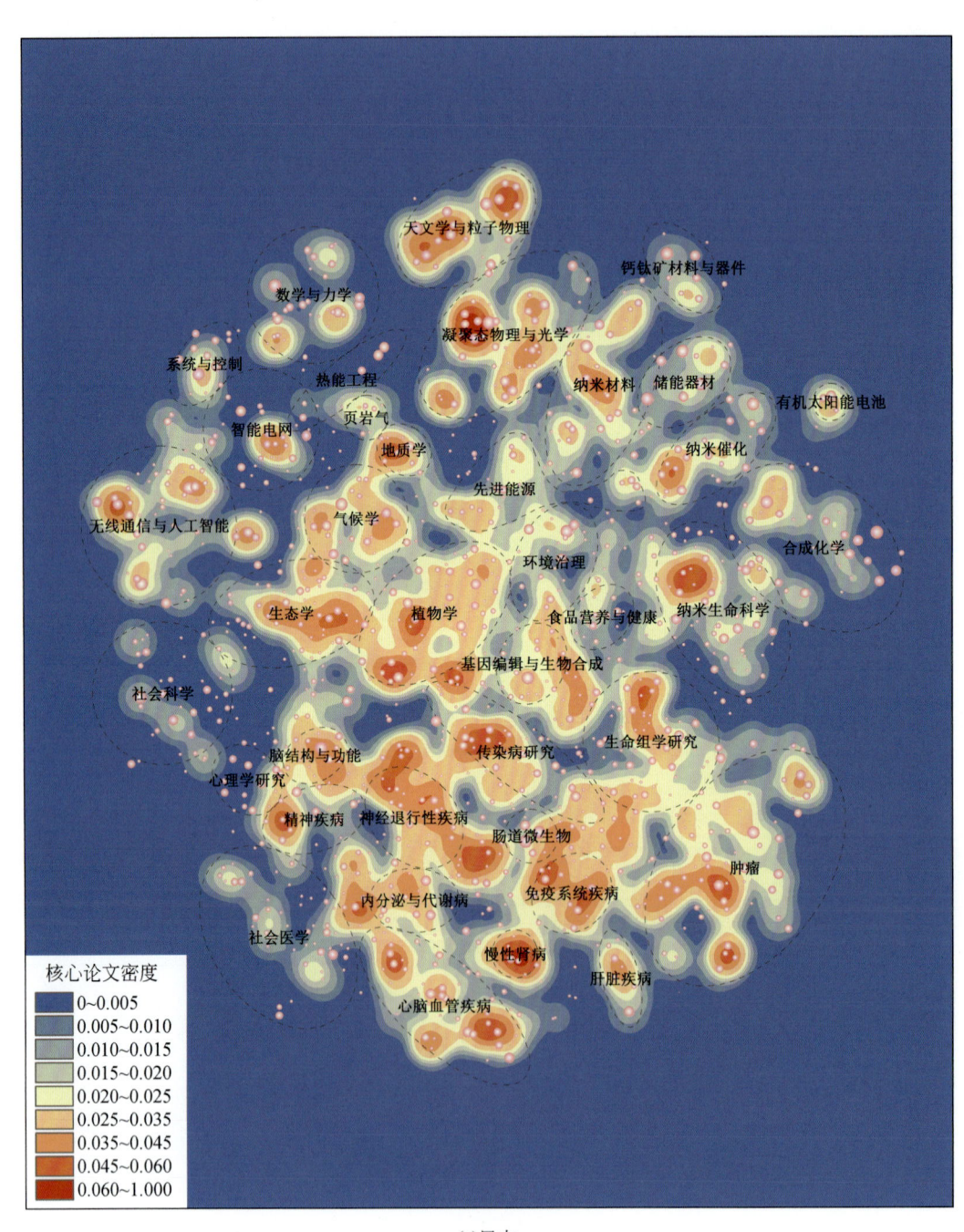

(e)日本

图6-6 2012～2017年中国及5个代表性国家核心论文国际合著率分布图（续）

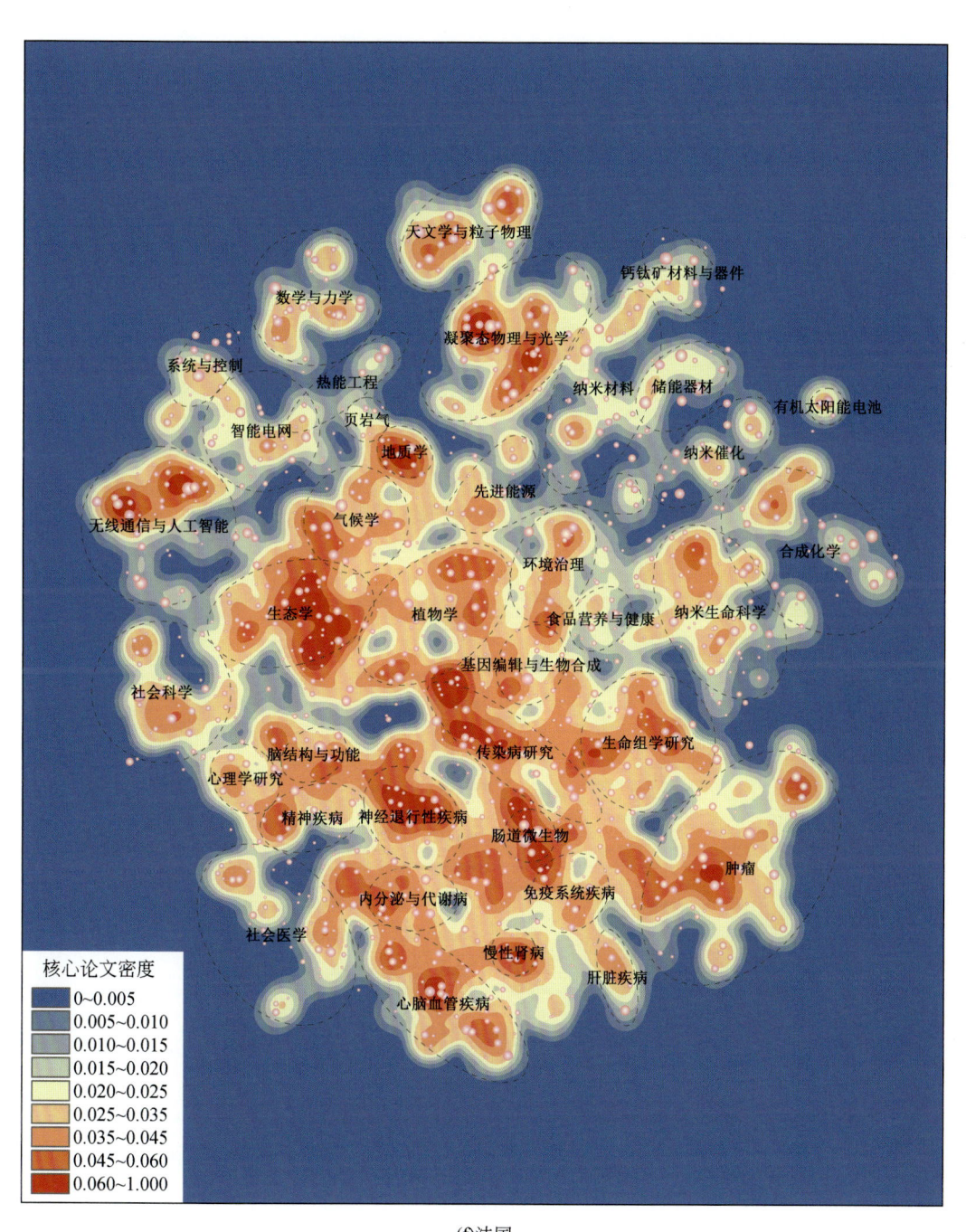

(f)法国

图 6-6　2012～2017 年中国及 5 个代表性国家核心论文国际合著率分布图（续）

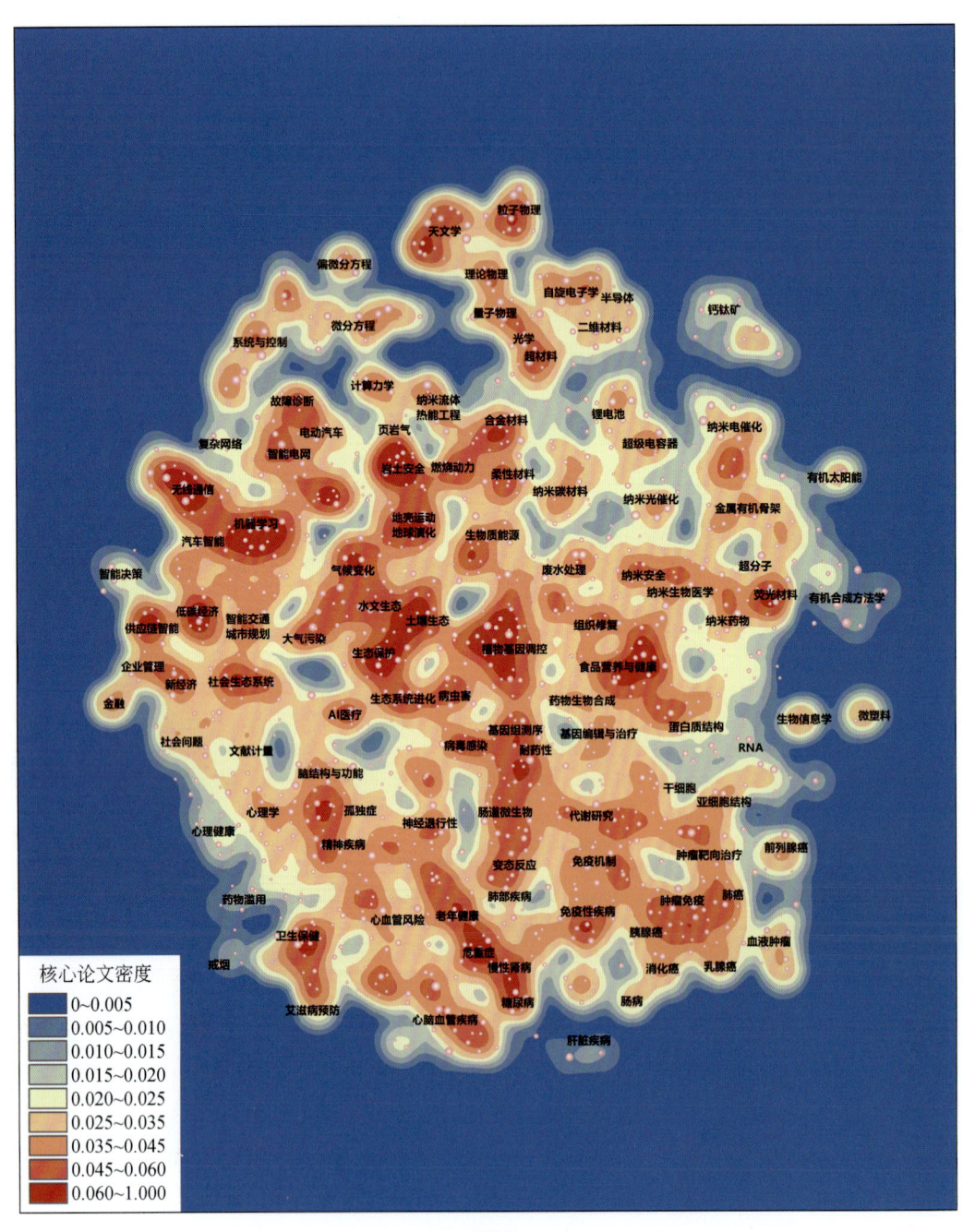

(a)美国

图 6-7 2014～2019 年中国及 5 个代表性国家核心论文国际合著率分布图

(b) 中国

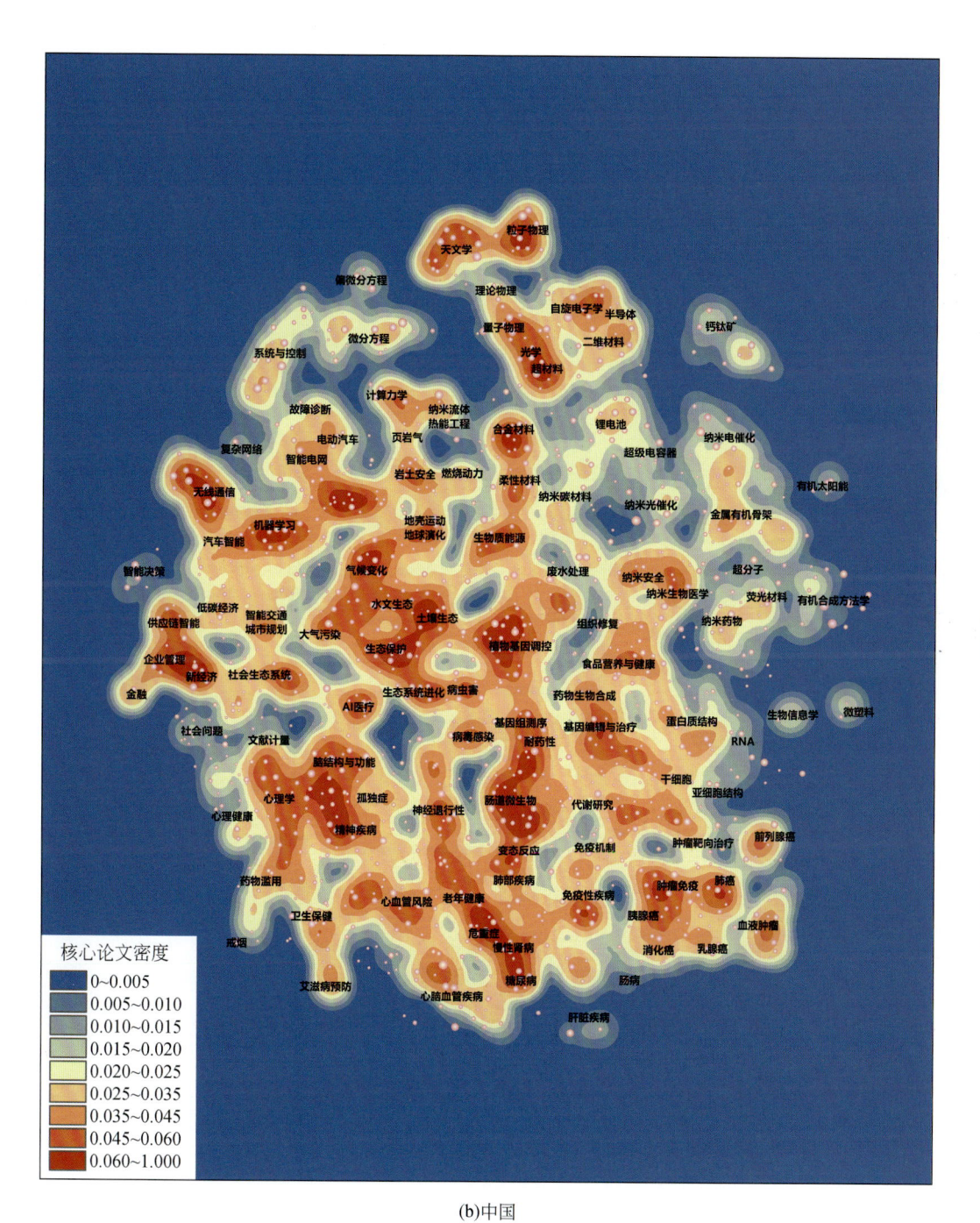

图 6-7　2014～2019 年中国及 5 个代表性国家核心论文国际合著率分布图（续）

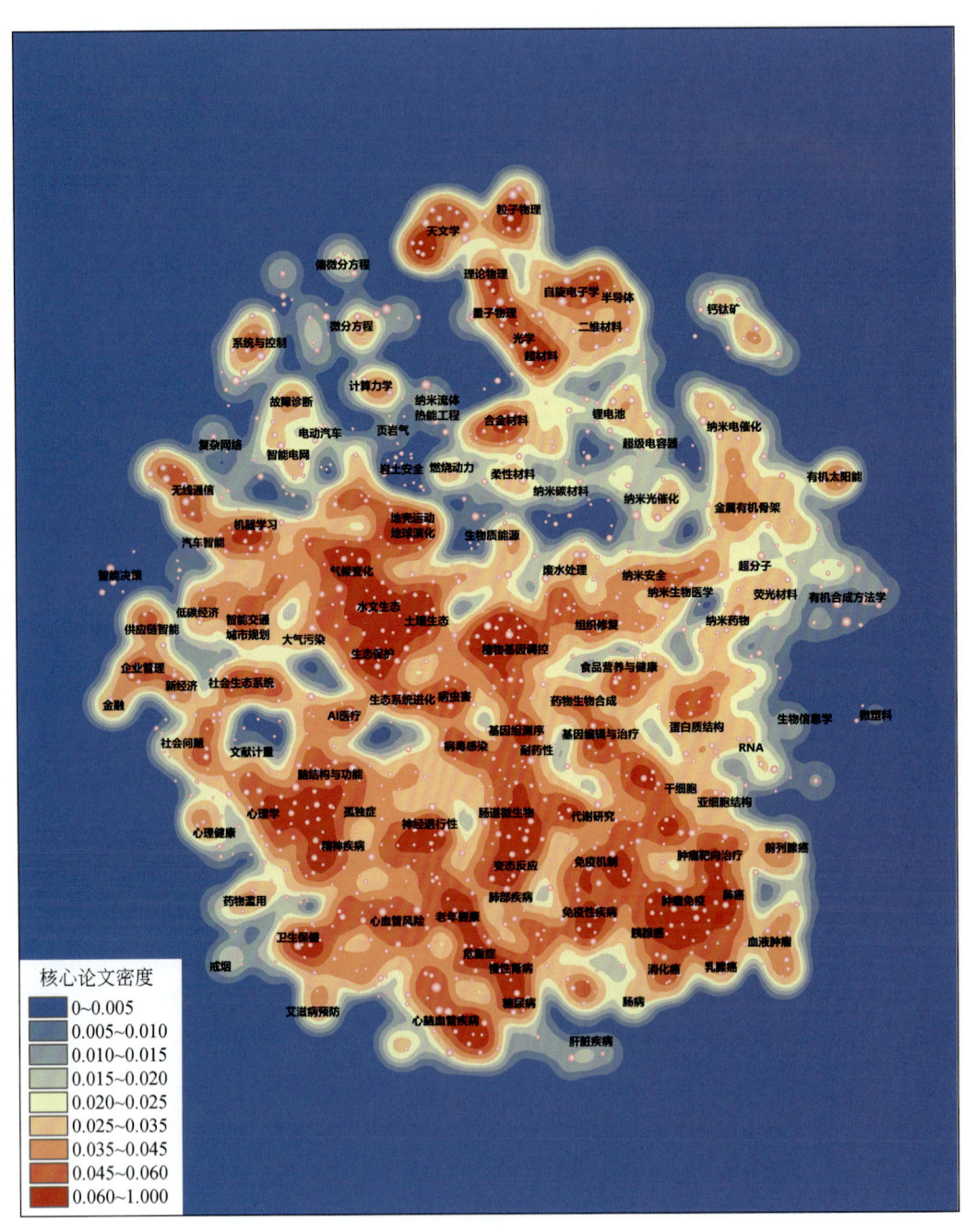

(c)德国

图 6-7　2014～2019 年中国及 5 个代表性国家核心论文国际合著率分布图（续）

(d)英国

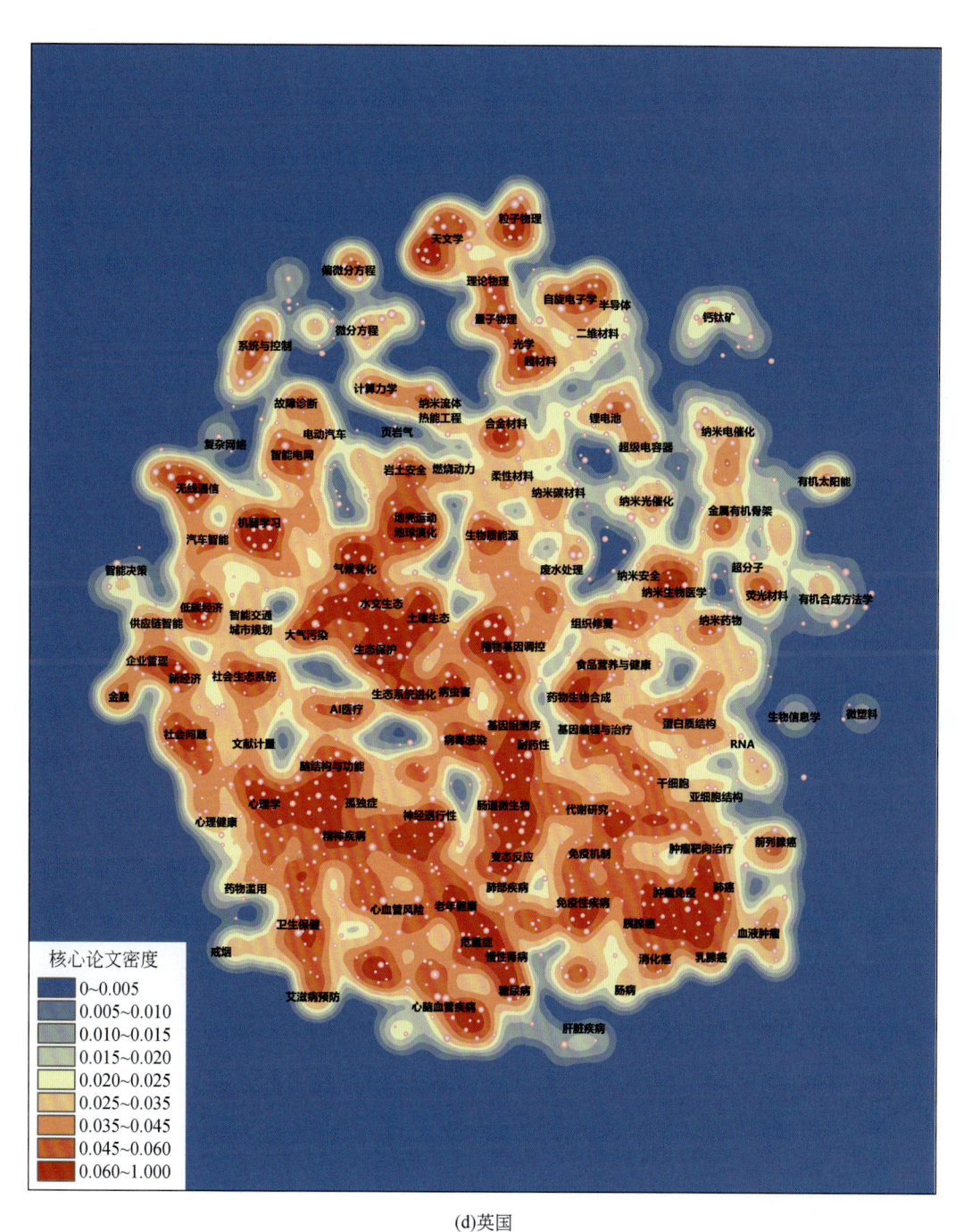

图 6-7 2014～2019 年中国及 5 个代表性国家核心论文国际合著率分布图（续）

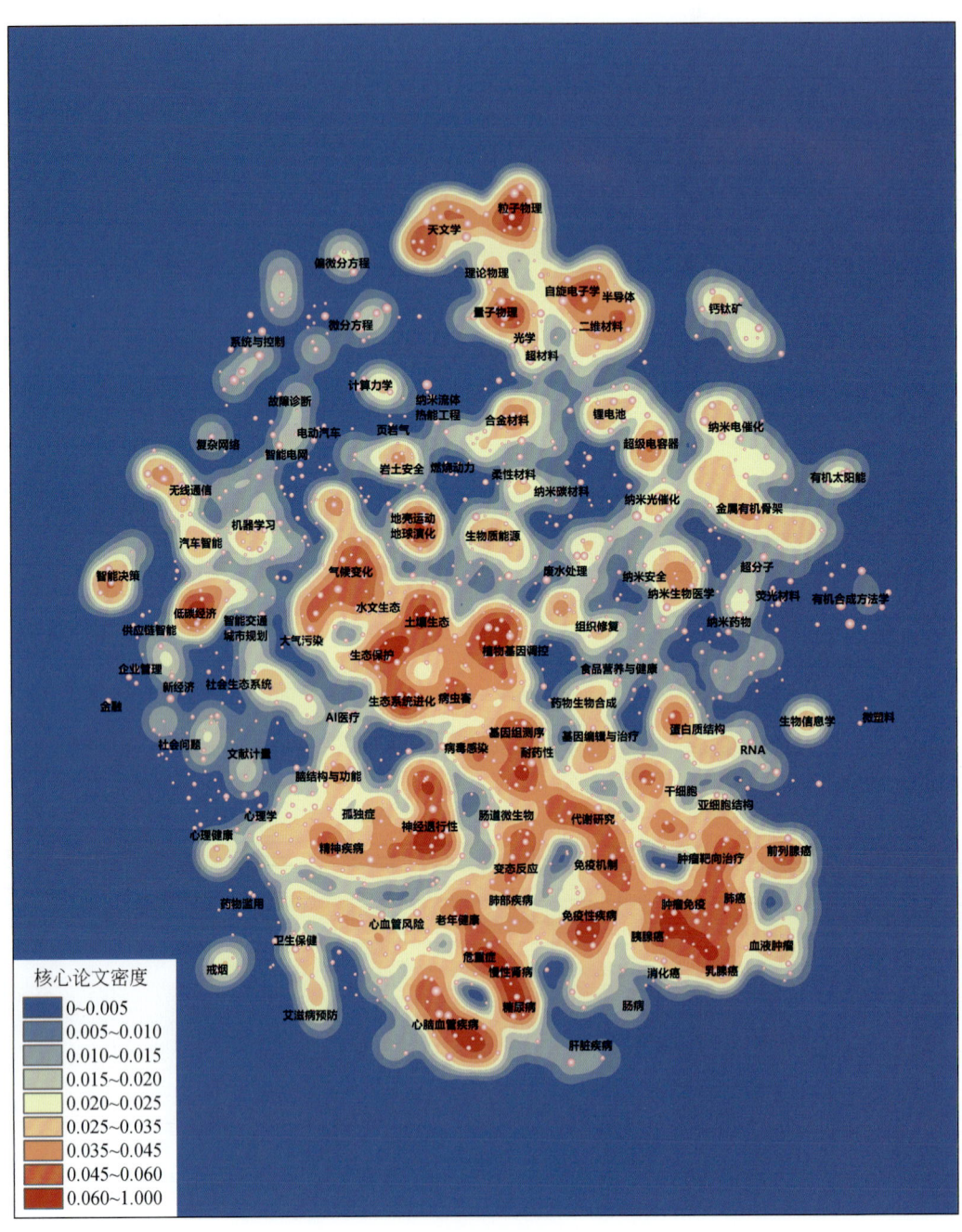

(e)日本

图 6-7 2014～2019 年中国及 5 个代表性国家核心论文国际合著率分布图（续）

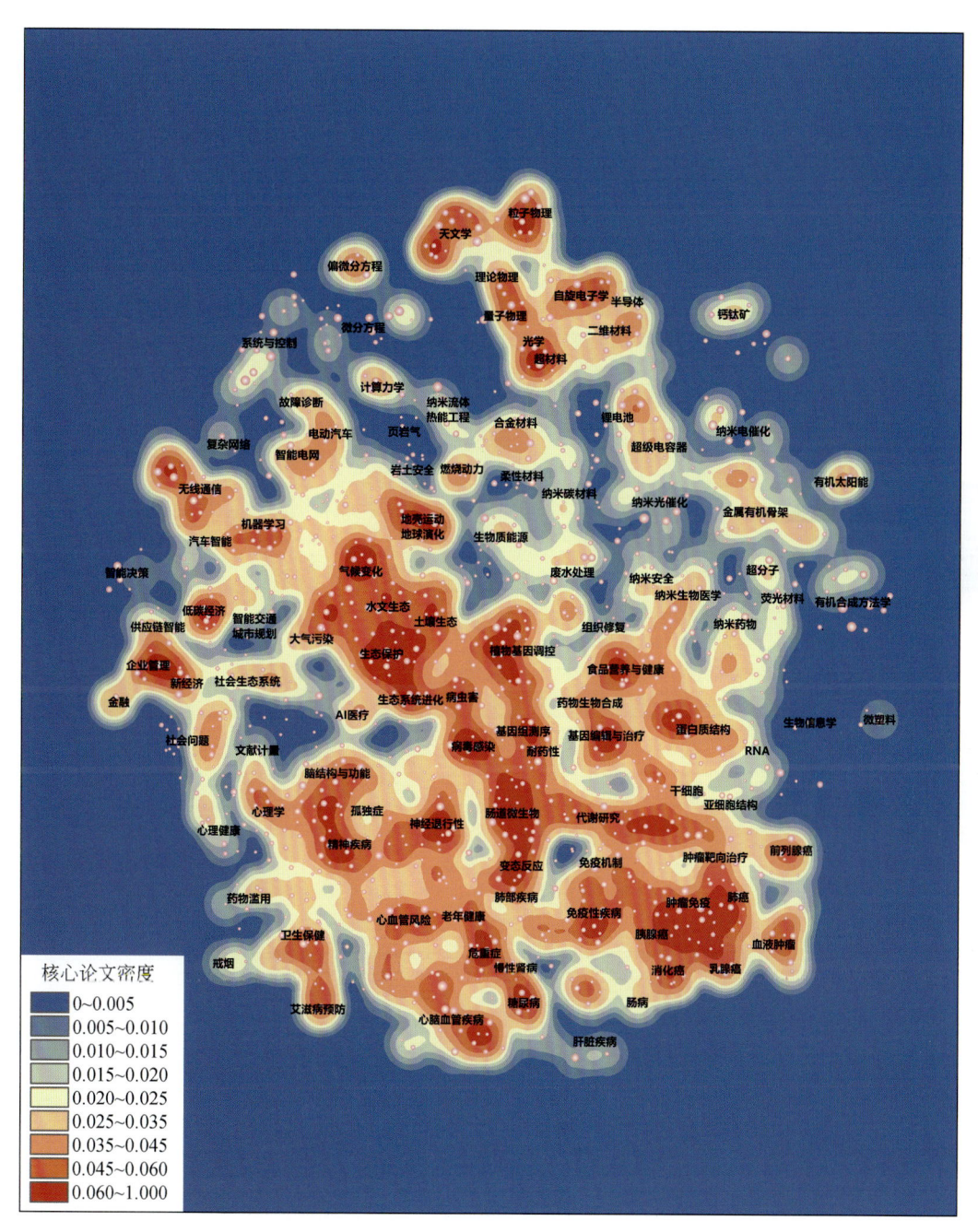

(f) 法国

图 6-7　2014~2019 年中国及 5 个代表性国家核心论文国际合著率分布图（续）

从三期的演变来看，世界范围内的国际合作整体呈上升趋势（三期合著率分别为：2010~2015 年，合著率为 43.7%；2012~2017 年，合著率为 47.1%；2014~2019

年，合著率为49.6%），合作力度越来越强。对比三期可以看出，6个代表性国家在2014~2019年的合作研究活动增长迅速，均出现大量深红色、红色区域。其中，美国国际合著率相对较高的研究领域集中在"无线通信""机器学习""地壳运动与地球演化""生态""植物基因调控""食品营养与健康""危重症疾病"等。中国在"粒子物理""超材料""合金材料""无线通信""机器学习""气候变化""生态""植物基因调控""精神疾病""肠道微生物""危重症疾病""慢性肾病""肿瘤免疫治疗""新经济模式"等领域有相对较高的国际合著率。日本国际合著率相对较高的研究领域集中在"低碳经济""植物基因调控""生态系统进化""神经退行性疾病""免疫性疾病"等。而德国、法国和英国在全领域中，均表现出较强的合著态势，仅在"有机合成方法学"和"数学与力学"等少数领域国际合著率相对较低。

第七章　科学结构图谱上的科学资助情况分析

本章将科学资助和科学产出进行关联分析。通过研究科学基金对 SCI 论文的资助情况，可视化地展现中国及代表性国家科学资助的论文产出在科学结构图谱上的分布，对比分析不同国家科学资助或同一国家不同资助机构在科学结构图谱上的资助布局及资助力度的不同，以期辅助了解各国政府资助机构的分工特点、科技实力和关注的未来科学发展的方向。

本书关注政府竞争性资助项目，即经费来自政府的基金类计划、国家重大研发计划及部委级别竞争性科技计划资助的项目，不包括政府给予大学和科研机构的运行经费和政府投入非营利机构的少量经费的项目。因此，没有统计以大学名义资助的论文和以社团形式资助的论文。

对于中国的统计，主要包括国家自然科学基金委员会（NSFC）、科技部牵头的国家重点研发计划，以及一些部委层面计划资助的项目；美国的统计主要包括国家科学基金会（NSF）、国立卫生研究院（NIH）及部委的计划。其他代表性国家政府竞争性资助论文的统计都采取了上述原则。本章采用整体计数法计算国家的核心论文和资助论文数量。

> 观察中国：
> 2014～2019 年，中国政府资助的核心论文的世界份额排名第二，增长最快，为 12 352 篇。中国政府资助的核心论文量从 2012～2017 年为德国、英国的 2 倍

左右发展到 2014~2019 年的 3~5 倍。2014~2019 年中国政府资助的核心论文量略低于美国（12 711 篇），远高于其他代表性国家，是日本的 9.2 倍、法国的 11.0 倍、澳大利亚的 6.8 倍、韩国的 11.7 倍，这与中国科研进步、政府科研经费高投入有密不可分的关系。

2014~2019 年，中国政府资助的核心论文占发表核心论文的比例最高，达到 83.0%；其次是韩国，为 58.0%；再次是美国，为 55.0%。三期比较，中国政府资助的核心论文覆盖的研究领域占本国有核心论文的研究领域的比例均排名第二，且从 75.9% 持续上升到 83.8%，增幅 10.4%；而排名第一的美国则从 90.6% 下降到 85.5%，降幅 5.6%。2014~2019 年，中国在新增研究领域中的资助覆盖率排名第一，达到 85.0%，比上一期 78.4% 略有增加。

中国政府资助产出的核心论文在各领域不均衡。传统科技强国资助产出的核心论文整体上覆盖全面，分布比较均匀。中国政府资助产出的核心论文主要集中在"纳米科技""无线通信与人工智能""系统与控制"等方向，其他资助方向发文量较少，尤其是"医学"和"社会科学"方面较弱。不过纵观近三期科学结构图谱的演变，中国在"智能决策与应用""供应链智能管理""低碳经济""智能交通与城市规划""植物基因调控""生物信息学方法"等领域资助产出的份额和覆盖率都有显著提高，且在"AI 医疗""抗生素耐药性""肠道微生物与健康""RNA""慢性肾病"等领域也有所提升。

通过三期比较，中国主要资助机构资助有发文的研究领域数占本国发文研究领域的比例持续升高，分别为 75.9%、80.3% 和 83.8%；美国占比最高，但三期持续减少，分别为 90.6%、88.9% 和 85.5%。2014~2019 年，中国 NSFC 资助的论文占整个中国政府资助论文的 88.3%。NSFC 资助与中国政府资助覆盖的领域布局比较接近，说明 NSFC 在基础研究领域的重要作用。国家重点研发计划资助产生的 2760 篇核心论文中有 1156 篇同时受到 NSFC 的资助，占比 41.9%。

一、中国及代表性国家政府资助的核心论文在科学结构图谱上的分布

从政府资助的核心论文覆盖的研究领域占本国有核心论文的研究领域的比例上来看（表 7-1），三个时期，中国、欧美发达国家（美国、英国、德国、法国）、日本、澳大利亚、韩国 8 个国家，其政府资助的研究领域数占本国有核心论文的研究领域的比例几乎都接近或超过 60%。美国政府资助的核心论文覆盖的研究领域占本国有核心论文的研究领域的比例最高，但略有下降，从 2010~2015 年的 90.6% 下降到

2014～2019年的85.5%，降幅5.6%。中国占比从75.9%上升到83.8%，增幅9.7%，仅次于美国，三期均排名第二。在发达国家中，除澳大利亚占比从59.6%上升到65.3%，增幅9.6%外，其余代表性发达国家，均出现不同程度的下降，其中韩国降幅最大，为5.0%，法国降幅3.6%，英国降幅2.8%，德国微降0.9%，日本微降0.3%。2014～2019年，印度、巴西、俄罗斯和南非4个代表性国家中，俄罗斯资助比例最高，为46.5%，且增幅最大，达到45.3；南非资助比例最低，仅为23.2%；印度资助比例为39.2%，与第一期相比变化不大，微升0.5%；巴西资助比例仅为34.6%，降幅最大，降幅为25.6%，在12个代表性国家中排名倒数第二。

2014～2019年，中国政府资助的核心论文数与中国的核心论文世界份额一样世界排名第二，为12 352篇，略低于美国（12 711篇），远高于其他代表性国家，是德国的5.0倍、英国的3.6倍、日本的9.2倍、法国的11.0倍、澳大利亚的6.8倍、韩国的11.7倍，这与中国科研的进步、政府科研经费高投入有密不可分的关系。中国政府资助的核心论文占发表核心论文的比例最高，达到83.0%；其次是韩国，为58.0%；再次是美国，为55.0%；日本占比也超过50%，达到51.1%；南非占比最低，仅为22.0%；占比低于30%的国家还有法国（26.0%）、巴西（28.1%）、印度（29.1%）；其他国家占比均在36%~45%。

值得注意的是，2014～2019年，国家资助研究领域中，从每个国家的领域平均资助论文量和领域平均发文量两个指标来看，中国为14.1和16.9；美国为11.8和21.1；德国为4.0和9.6；英国为4.5和10.5；法国为2.5和7.4。对比上述两个指标可以发现，中国两个指标差距较小，比值为0.8，说明中国政府资助研究领域中，受资助产出的核心论文占比很高，超过80%，而欧美发达国家两个指标比值均为0.3~0.6，说明欧美发达国家资助研究领域中，受资助产出的核心论文占比小得多，其中，以美国占比最高，接近60%；法国占比最低，低于40%。

从2014～2019年新增研究领域（与前一期研究领域没有重叠论文）的覆盖率来看，中国在新增研究领域中的资助覆盖率排名第一，达到85.0%，与上一期相比，增幅明显，增幅为8.4%。本期12个代表性国家中，除中国的新增研究领域资助覆盖率（85.0%）高于全研究领域资助覆盖率（83.8%）外，其他代表性国家中韩国差距最小，分别为63.6%和66.0%；德国差距最大，分别为27.7%和65.2%；其次是英国，分别为38.1%和70.7%；澳大利亚为37.3%和65.3%；美国为63.3%和85.5%。

图7-1～图7-3显示了中国及代表性国家政府资助的核心论文在三期科学结构图谱上的分布情况。各个国家政府资助产出的优势领域在这三期总体上基本一致，研究领域的覆盖率及数量略有增加。

表 7-1 中国及代表性国家政府资助的核心论文和覆盖的研究领域统计情况

范围（数量）	统计类型	美国	中国	德国	英国	日本	法国	澳大利亚	韩国	印度	巴西	俄罗斯	南非
		2010～2015 年											
全研究领域（1084个）	发表论文研究领域（A）/个	1 051	723	857	901	562	746	715	415	346	273	225	180
	政府资助研究领域（B）/个	952	549	564	655	373	419	426	287	135	127	72	38
	(B/A)/%	90.6	75.9	65.8	72.7	66.4	56.2	59.6	69.2	39.0	46.5	32.0	21.1
	发文总数/篇	22 696	7 124	6 333	7 401	2 281	4 071	3 103	1 345	942	744	652	516
	政府资助的核心论文总数/篇	13 274	5 389	2 518	2 759	1 224	1 144	1 173	761	318	295	206	98
新增研究领域(87个)	发表论文研究领域（C）/个	71	42	40	47	18	27	26	11	13	7	6	4
	资助研究领域（D）/个	51	35	18	19	9	8	11	11	4	4	2	1
	(D/C)/%	71.8	83.3	45.0	40.4	50.0	29.6	42.3	100.0	30.8	57.1	33.3	25.0
		2012～2017 年											
全研究领域（1169个）	发表论文研究领域（A）/个	1 126	842	869	974	596	780	766	444	389	368	239	199
	政府资助研究领域（B）/个	1 001	676	647	724	414	454	504	330	173	197	110	56
	(B/A)/%	88.9	80.3	74.5	74.3	69.5	58.2	65.8	74.3	44.5	53.5	46.0	28.1
	发文总数/篇	23 113	9 504	6 438	8 066	2 400	4 260	3 719	1 487	1 143	1 067	755	660
	政府资助的核心论文总数/篇	13 178	7 733	2 800	3 231	1 315	1 298	1 553	933	381	428	323	126
新增研究领域(103个)	发表论文研究领域（C）/个	87	51	44	60	19	34	38	11	17	19	7	12
	资助研究领域（D）/个	59	40	20	31	14	13	22	8	3	7	3	2
	(D/C)/%	67.8	78.4	45.5	51.7	73.7	38.2	57.9	72.7	17.6	36.8	42.9	16.7

续表

范围（数量）	统计类型	2014～2019年											
		美国	中国	德国	英国	日本	法国	澳大利亚	韩国	印度	巴西	俄罗斯	南非
全研究领域（1333个）	发表论文研究领域（A）/个	1 263	1 048	955	1 070	639	826	873	527	472	436	297	276
	政府资助研究领域（B）/个	1 080	878	623	756	423	448	570	348	185	151	138	64
	（B/A）/%	85.5	83.8	65.2	70.7	66.2	54.2	65.3	66.0	39.2	34.6	46.5	23.2
	发文总数/篇	23 129	14 874	6 748	8 829	2 614	4 327	4 613	1 817	1 523	1 317	914	785
	政府资助的核心论文总数/篇	12 711	12 352	2 471	3 413	1 337	1 126	1 808	1 054	443	370	409	173
新增研究领域(150个)	发表论文研究领域（C）/个	147	120	65	97	34	51	67	33	33	24	7	15
	资助研究领域（D）/个	93	102	18	37	17	18	25	21	7	6	3	2
	（D/C）/%	63.3	85.0	27.7	38.1	50.0	35.3	37.3	63.6	21.2	25.0	42.9	13.3

注：①发表论文研究领域，是指本国有核心论文的研究领域数量。②政府资助研究领域，是指政府资助的核心论文覆盖的研究领域

2014～2019年，中国政府资助发文有显著增加，仍主要集中在图谱的上半部，其他资助方向发文量相对较少，尤其是"医学"和"社会科学"方面较弱，不过经过近几年的发展，中国在"智能决策""供应链智能""低碳经济""智能交通与城市规划""植物基因调控""生物信息学"等领域资助产出的份额和覆盖率都有显著提高，且在"AI医疗""抗生素耐药性""肠道微生物""RNA""慢性肾病"等领域也有所提升。美国整体资助发文量高、覆盖面广、分布均匀，但在"智能决策""企业管理""新经济""生物信息学"等领域资助发文量极少。英国相比德国政府资助覆盖的学科范围更广，其没有覆盖的领域主要是"社会科学"和"工程学"中的部分研究领域。日本、法国政府资助的论文产出尽管数量与英、德相差较大，但覆盖的学科范围也比较全面。

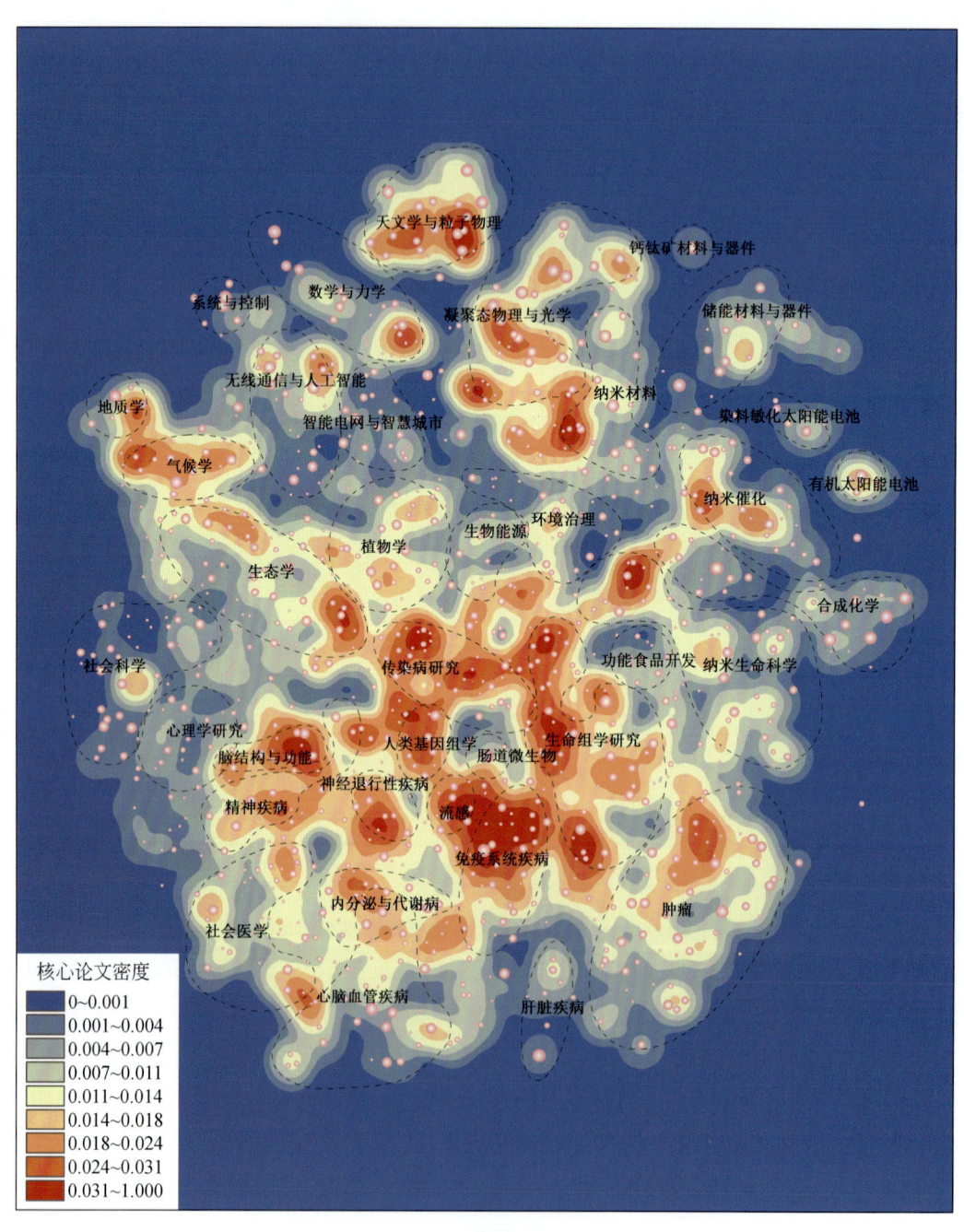

(a)美国

图 7-1 政府资助的核心论文在科学结构图谱 2010~2015 上的分布

(b) 中国

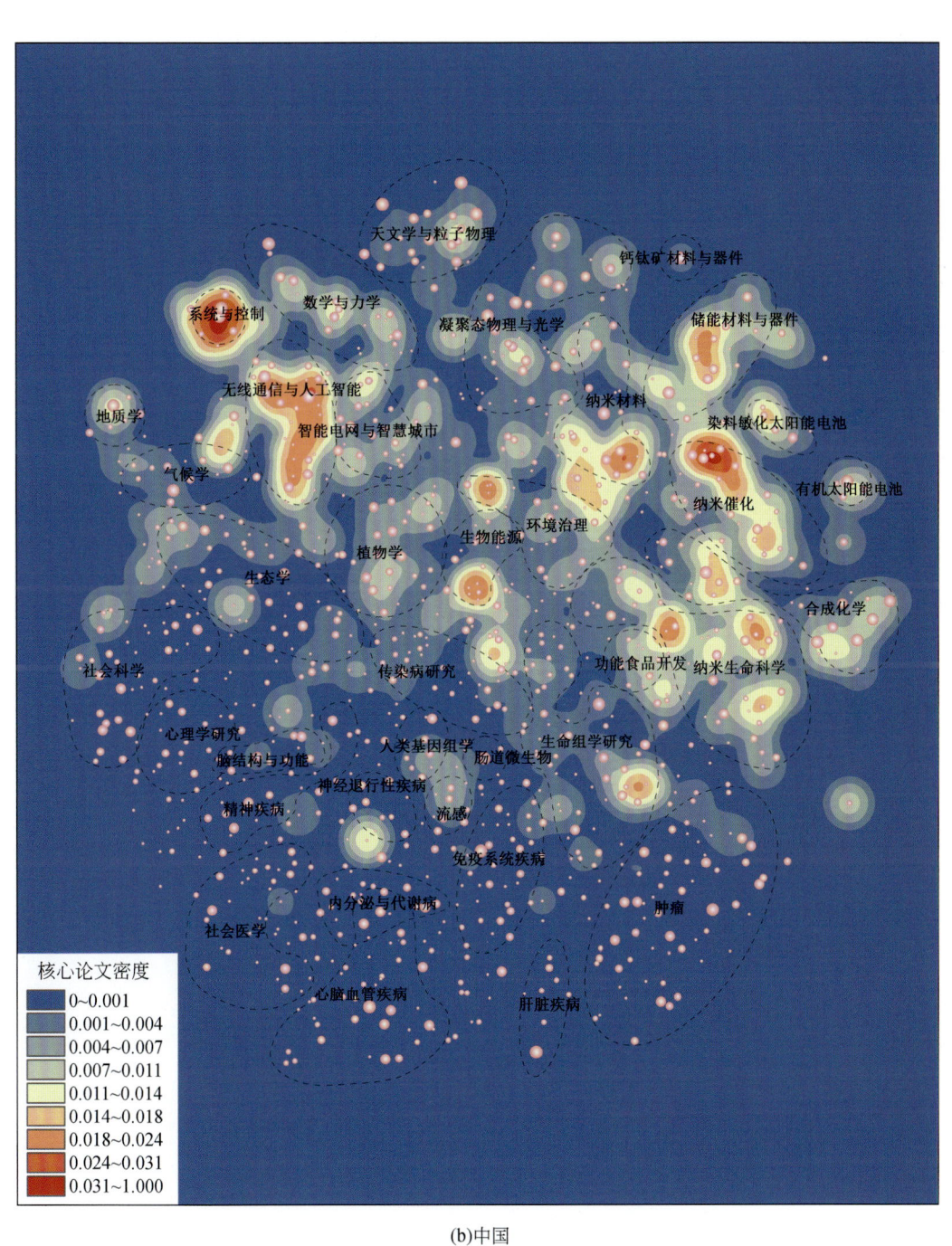

图 7-1　政府资助的核心论文在科学结构图谱 2010～2015 上的分布（续）

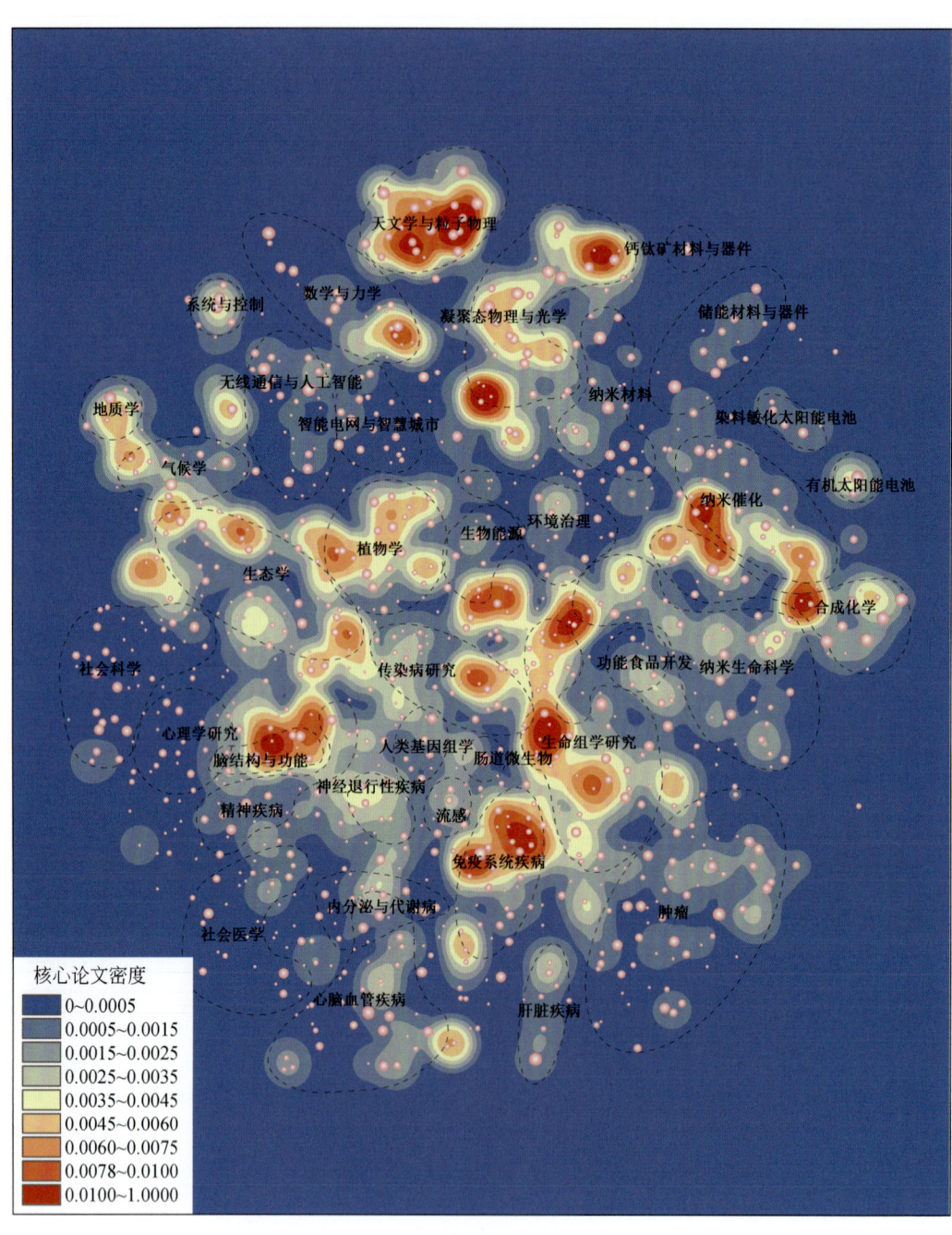

(c)德国

图 7-1 政府资助的核心论文在科学结构图谱 2010～2015 上的分布（续）

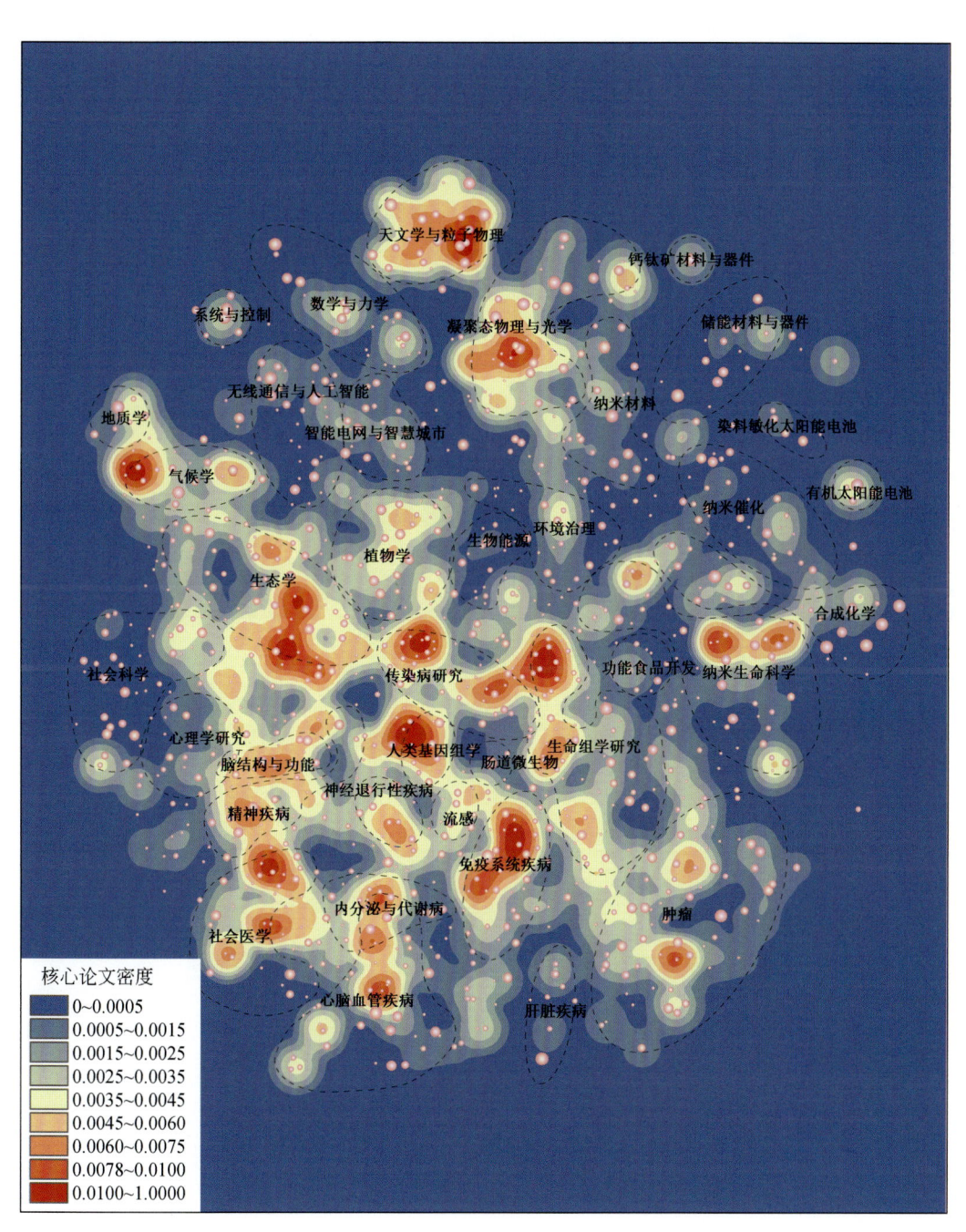

(d) 英国

图 7-1 政府资助的核心论文在科学结构图谱 2010～2015 上的分布（续）

(e)日本

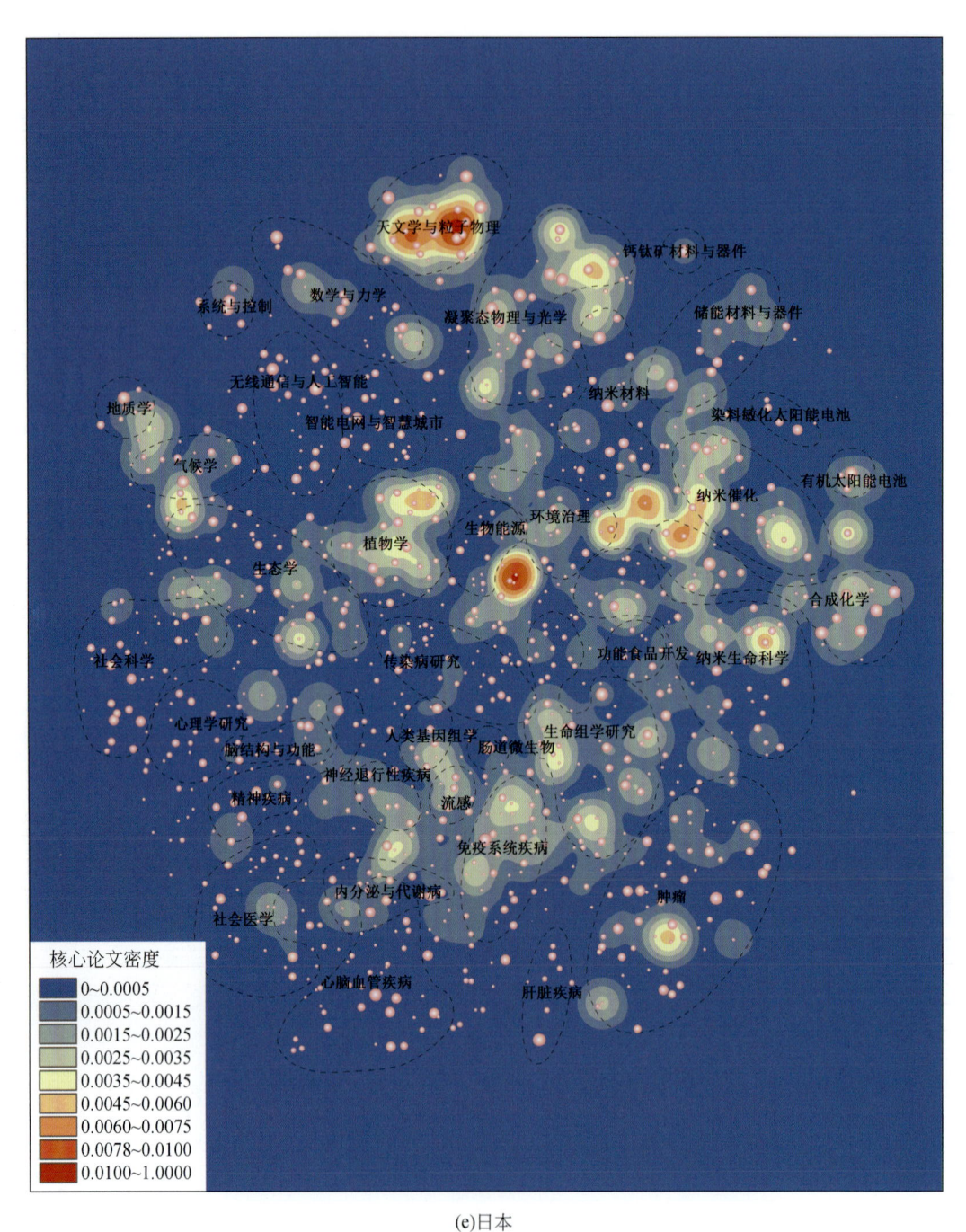

图 7-1　政府资助的核心论文在科学结构图谱 2010～2015 上的分布（续）

(f)法国

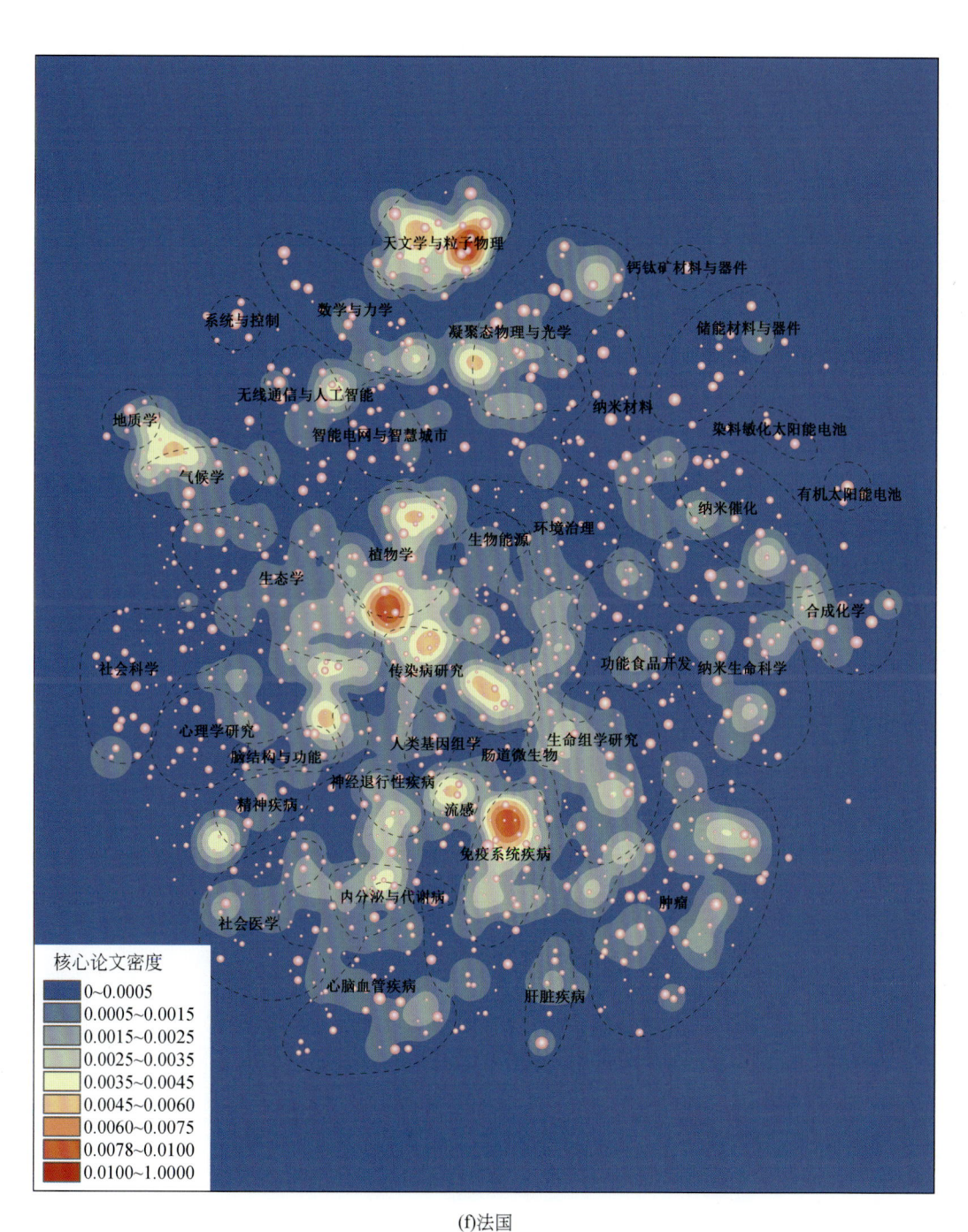

图 7-1 政府资助的核心论文在科学结构图谱 2010～2015 上的分布（续）

注：中国、美国核心论文密度范围相同，其他国家相同，图 7-2 和图 7-3 同此

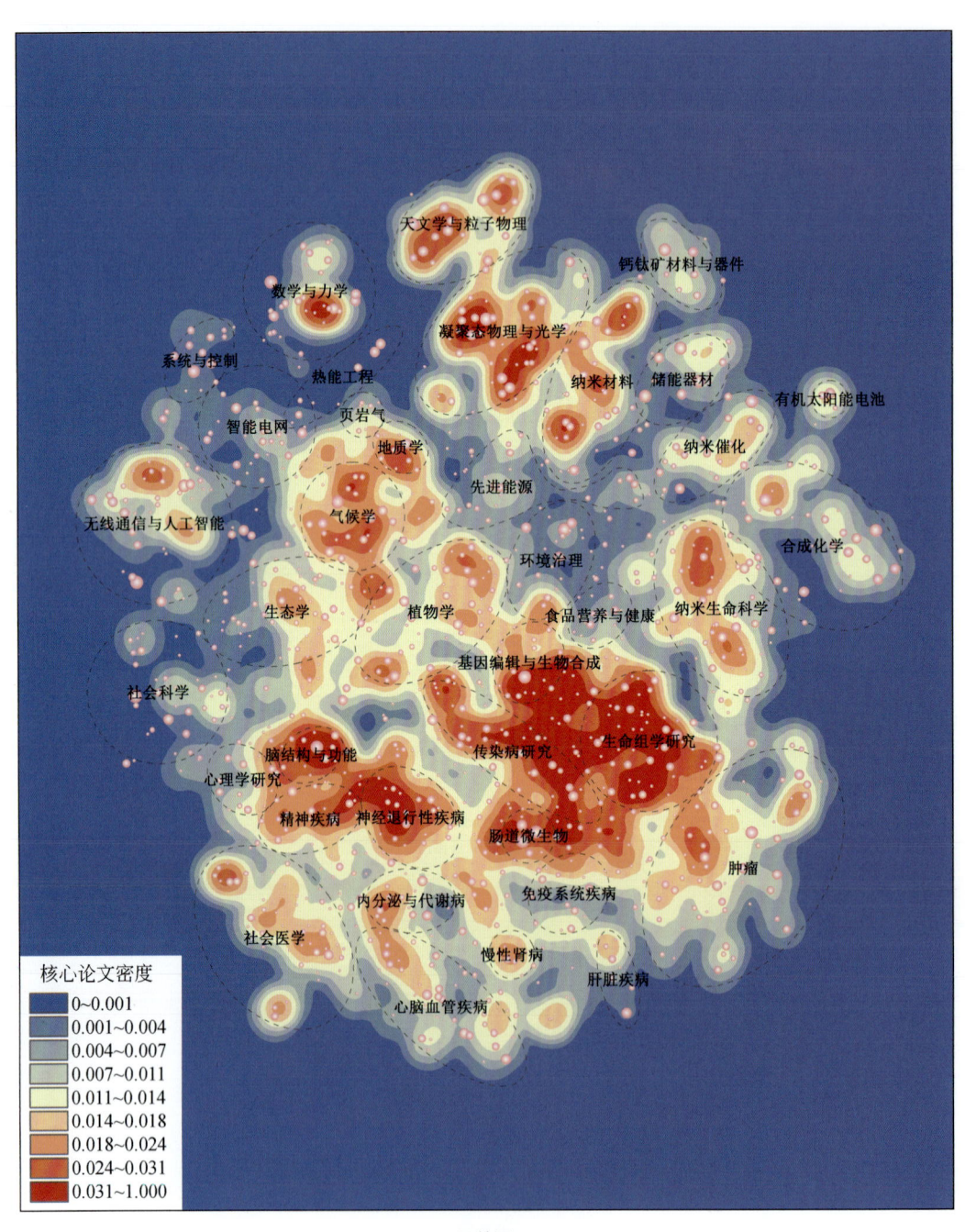

(a) 美国

图 7-2　政府资助的核心论文在科学结构图谱 2012～2017 上的分布

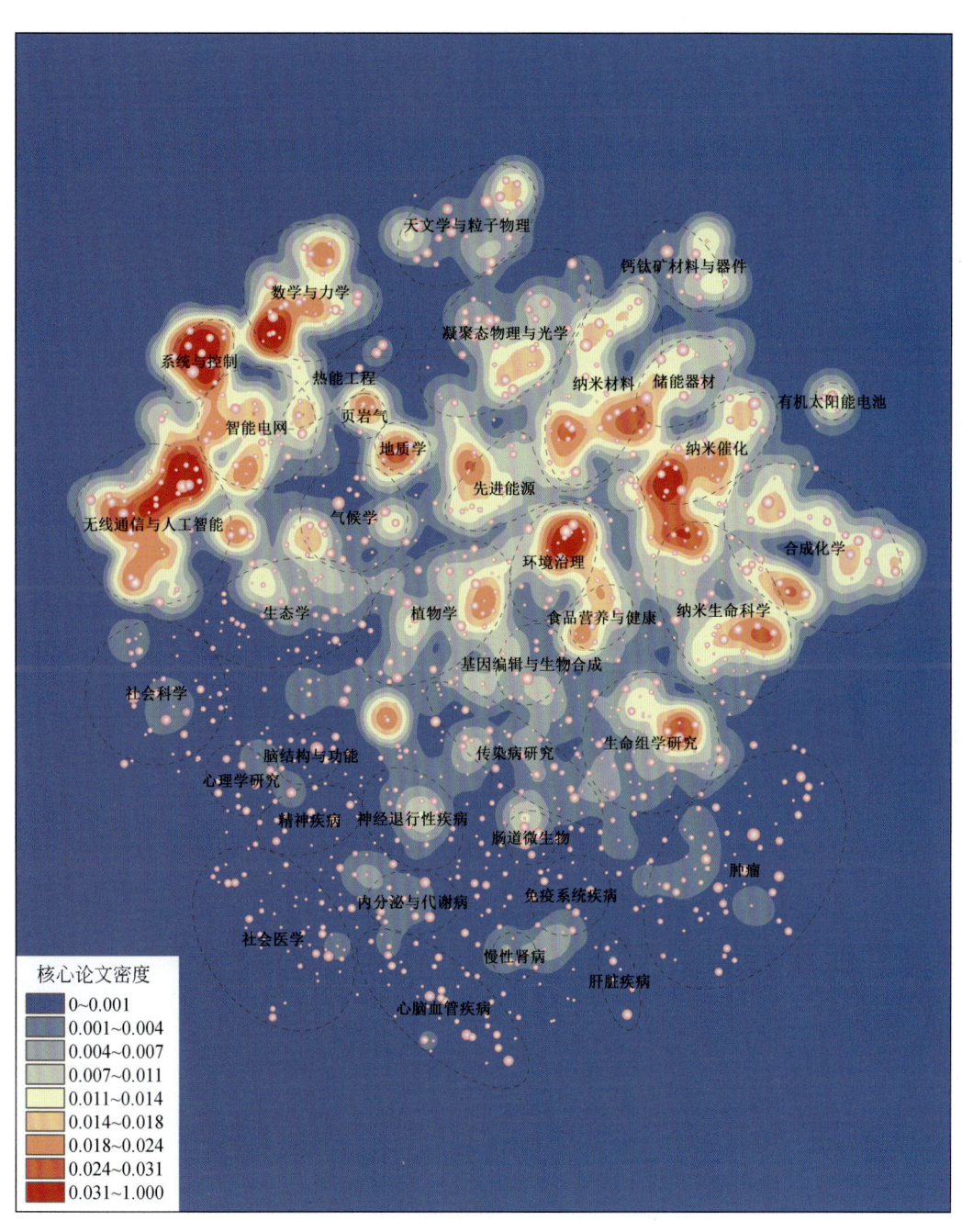

(b) 中国

图 7-2　政府资助的核心论文在科学结构图谱 2012～2017 上的分布（续）

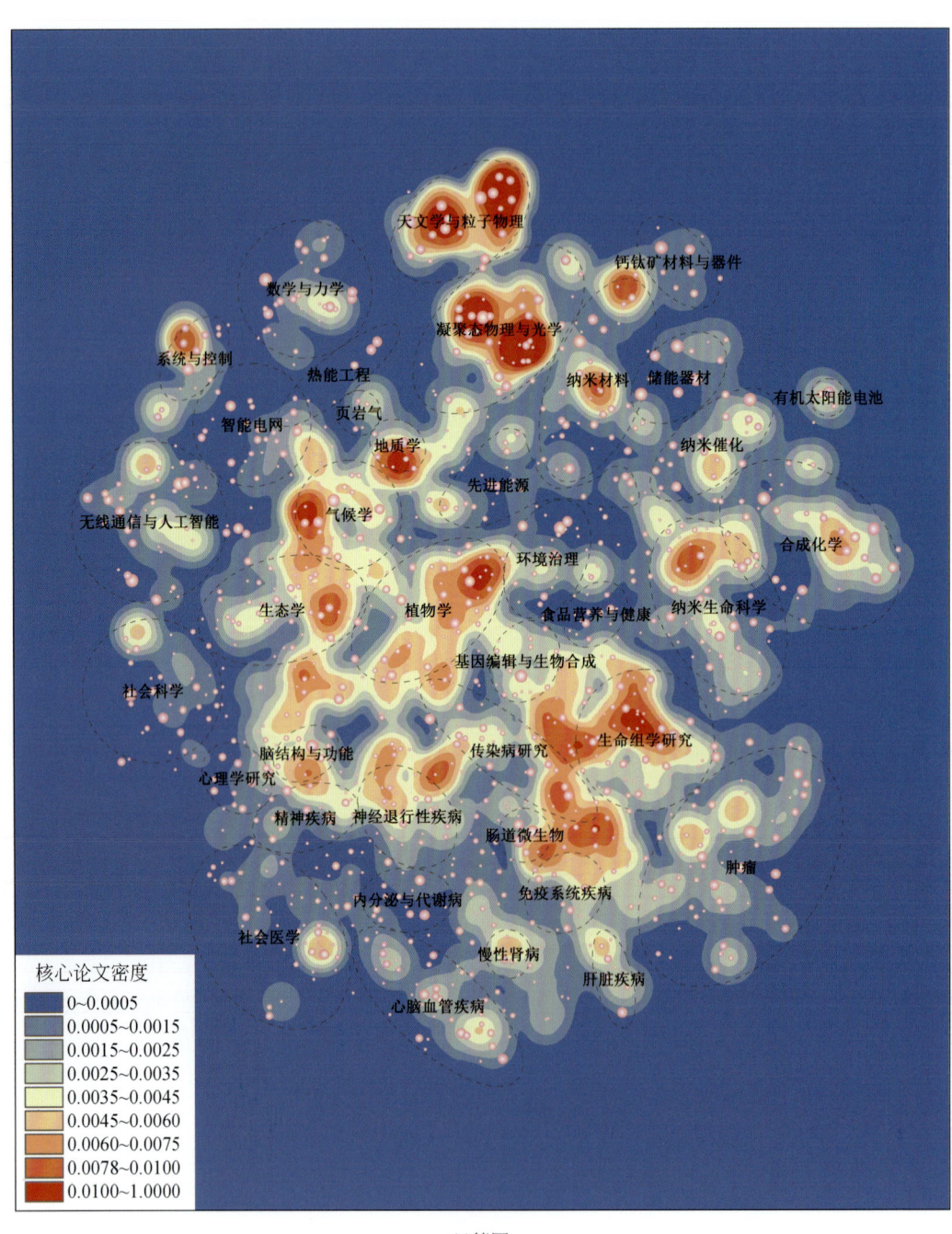

(c)德国

图 7-2　政府资助的核心论文在科学结构图谱 2012~2017 上的分布（续）

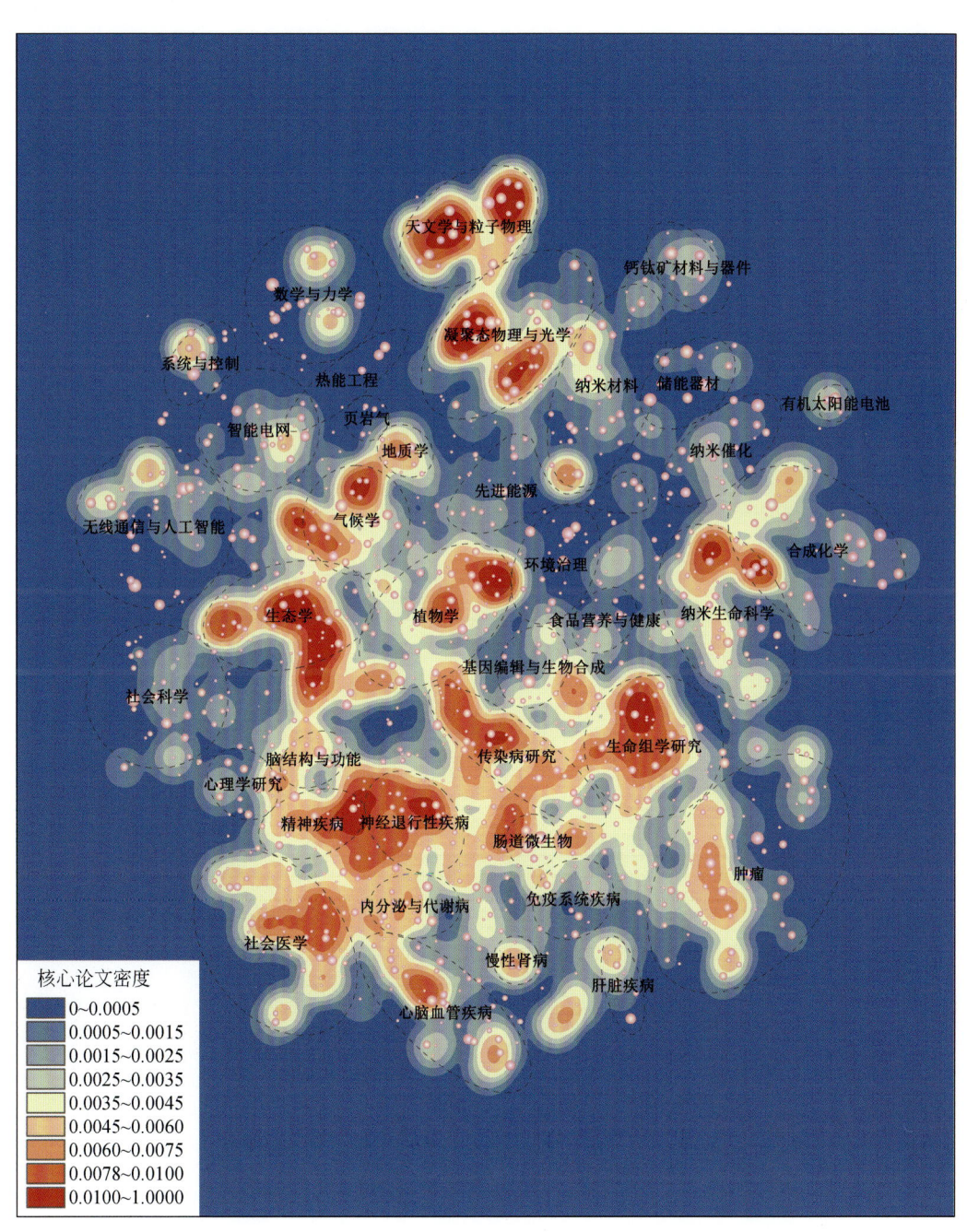

(d)英国

图 7-2　政府资助的核心论文在科学结构图谱 2012~2017 上的分布（续）

(e)日本

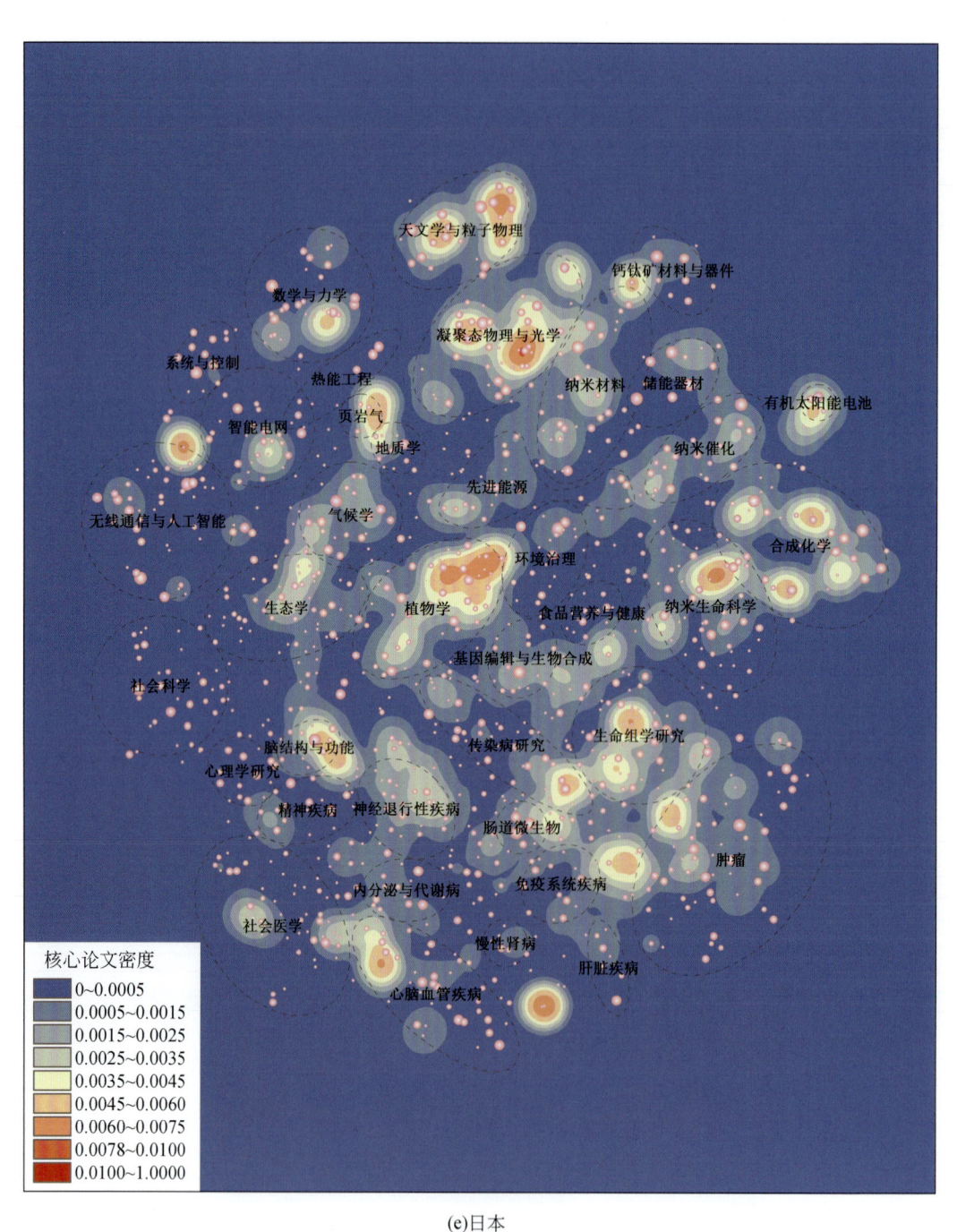

图 7-2　政府资助的核心论文在科学结构图谱 2012～2017 上的分布（续）

(f)法国

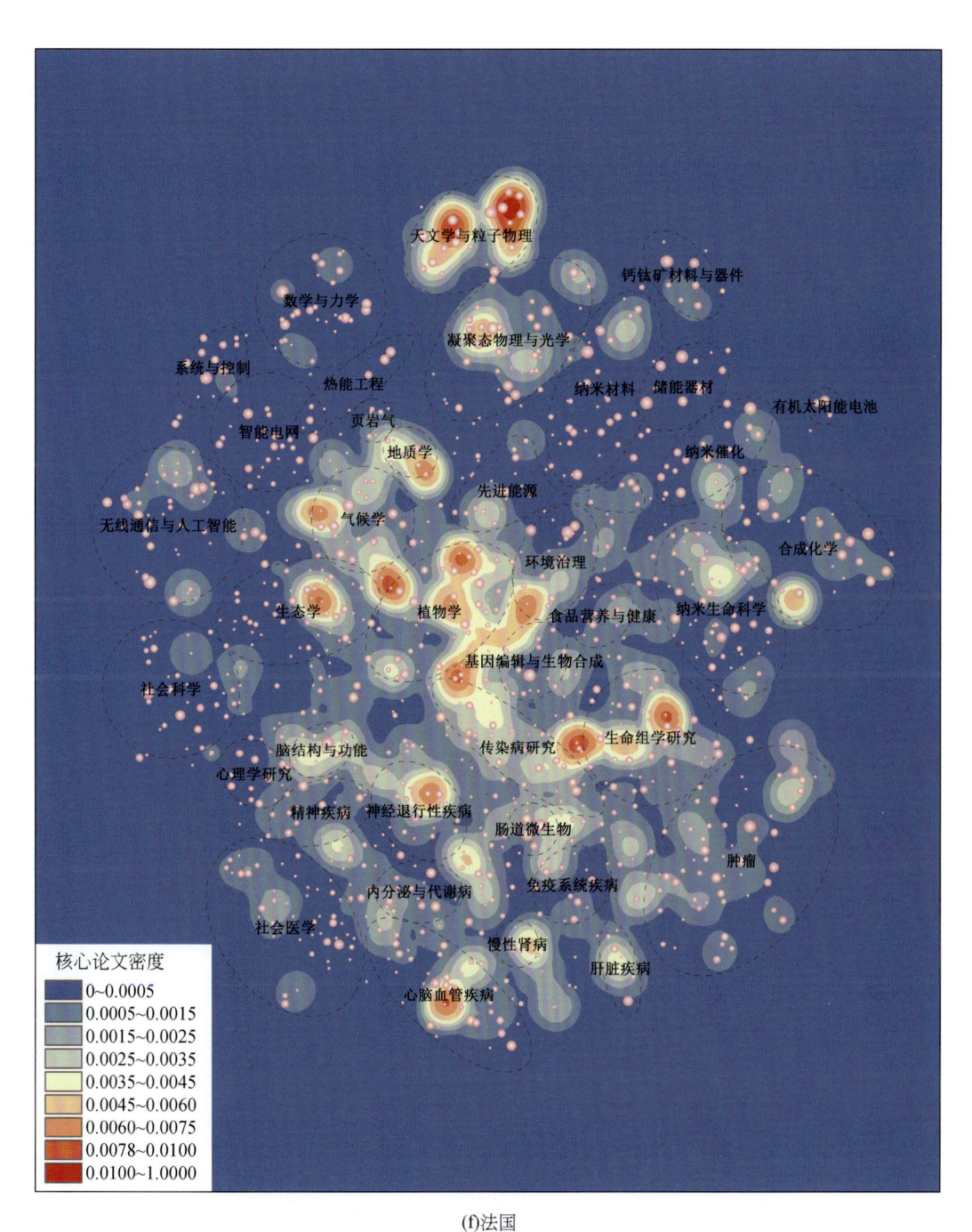

图 7-2 政府资助的核心论文在科学结构图谱 2012~2017 上的分布（续）

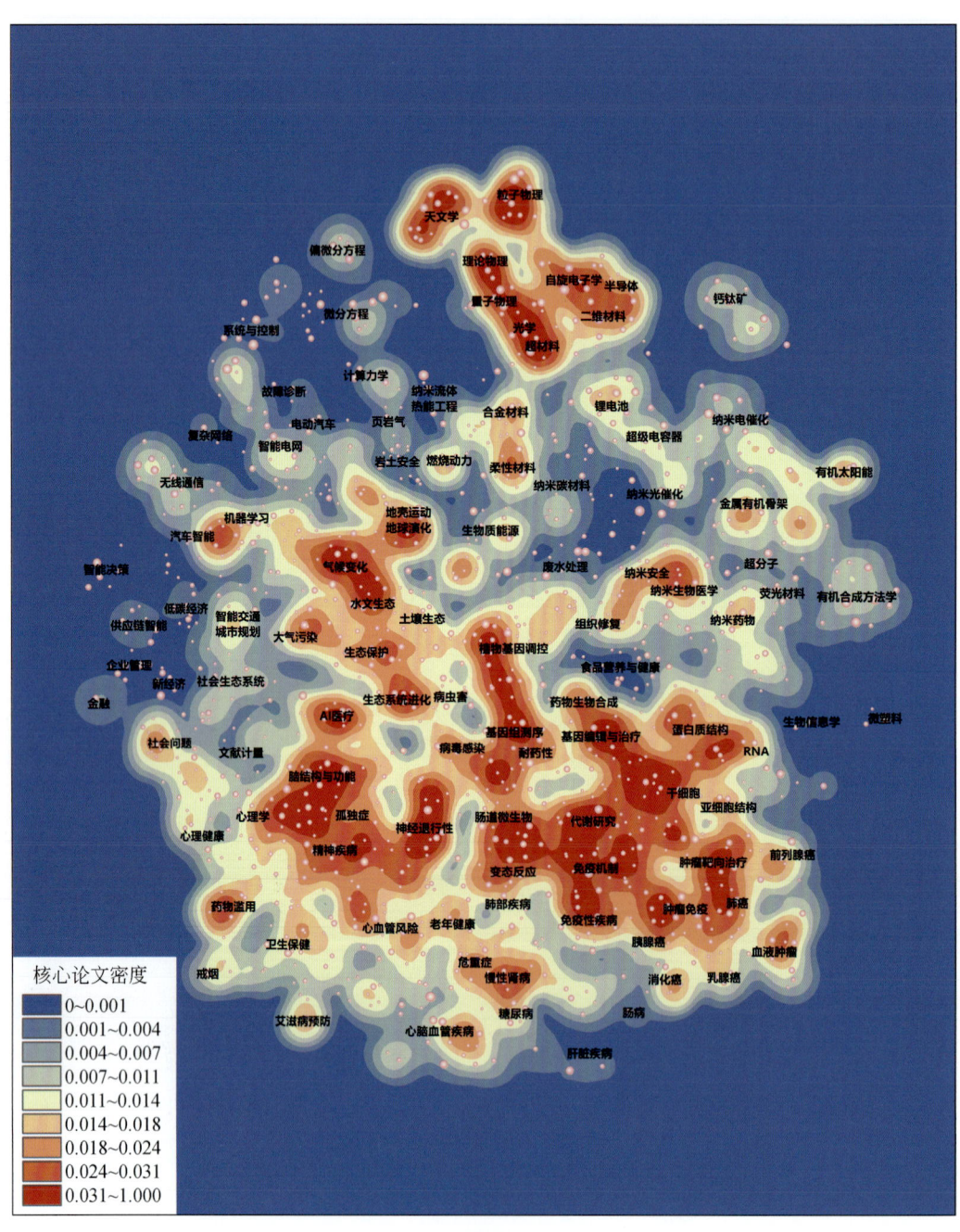

(a)美国

图7-3 政府资助的核心论文在科学结构图谱2014～2019上的分布

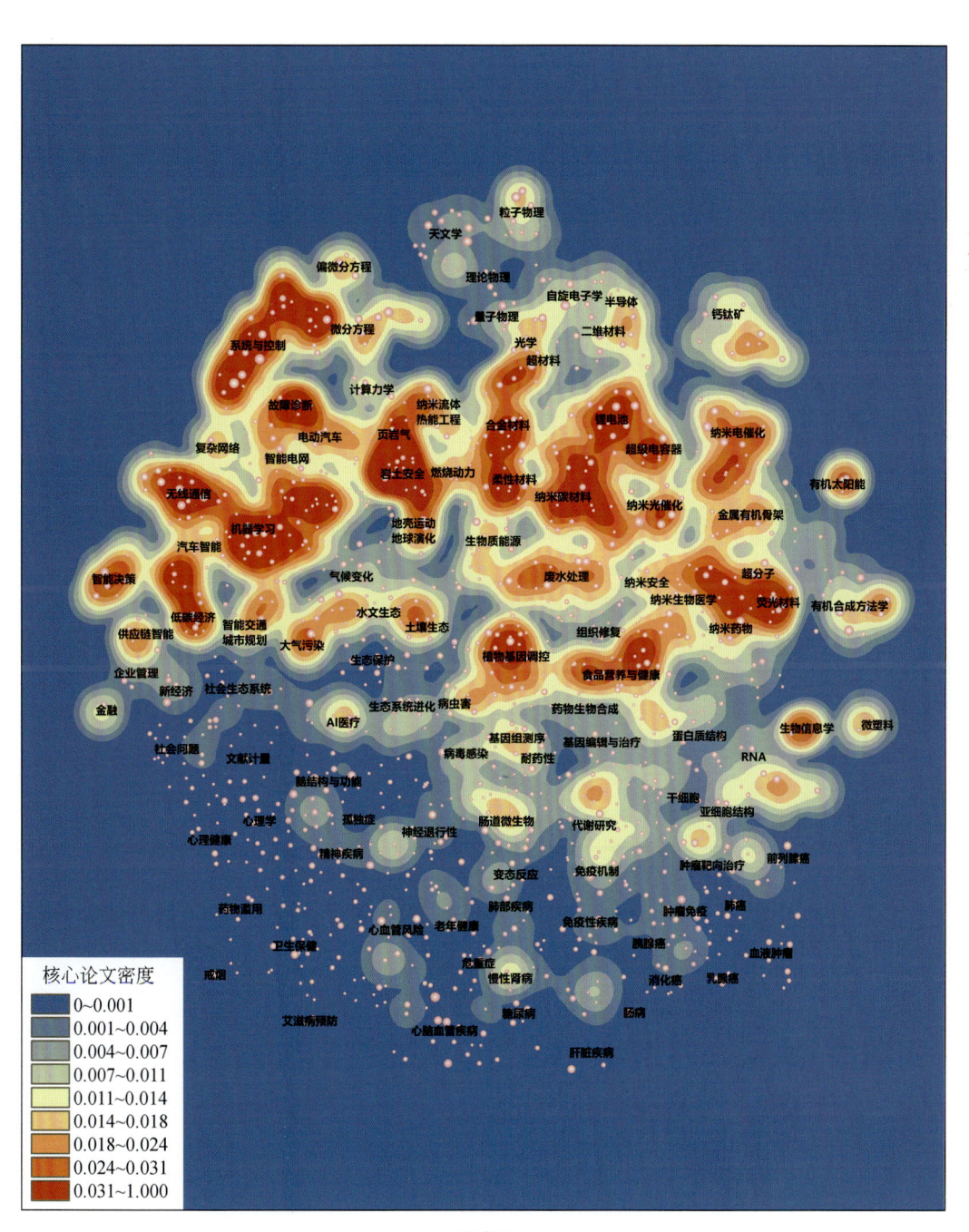

(b) 中国

图 7-3　政府资助的核心论文在科学结构图谱 2014~2019 上的分布（续）

第七章　科学结构图谱上的科学资助情况分析

145

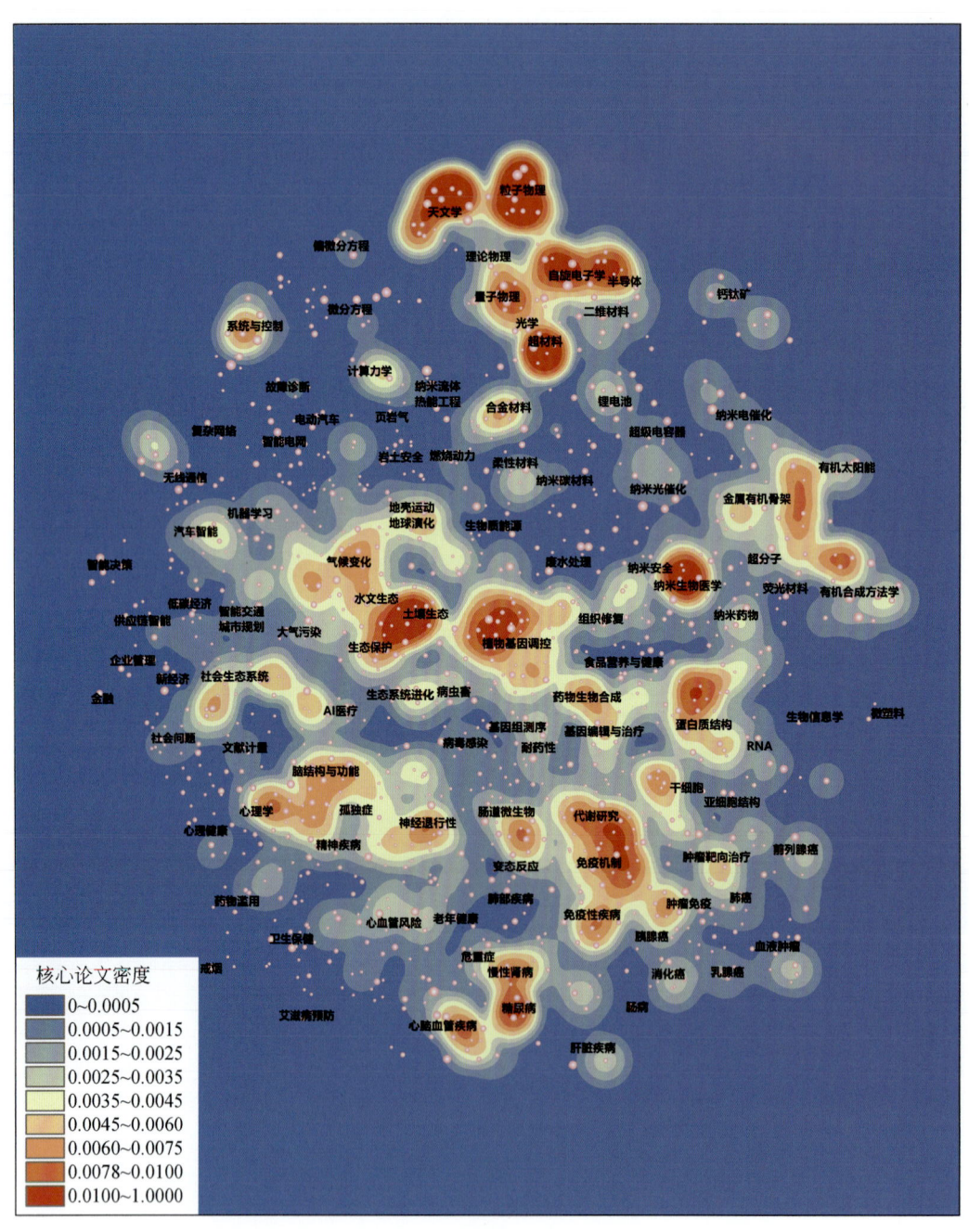

(c)德国

图 7-3　政府资助的核心论文在科学结构图谱 2014～2019 上的分布（续）

(d) 英国

图 7-3 政府资助的核心论文在科学结构图谱 2014～2019 上的分布（续）

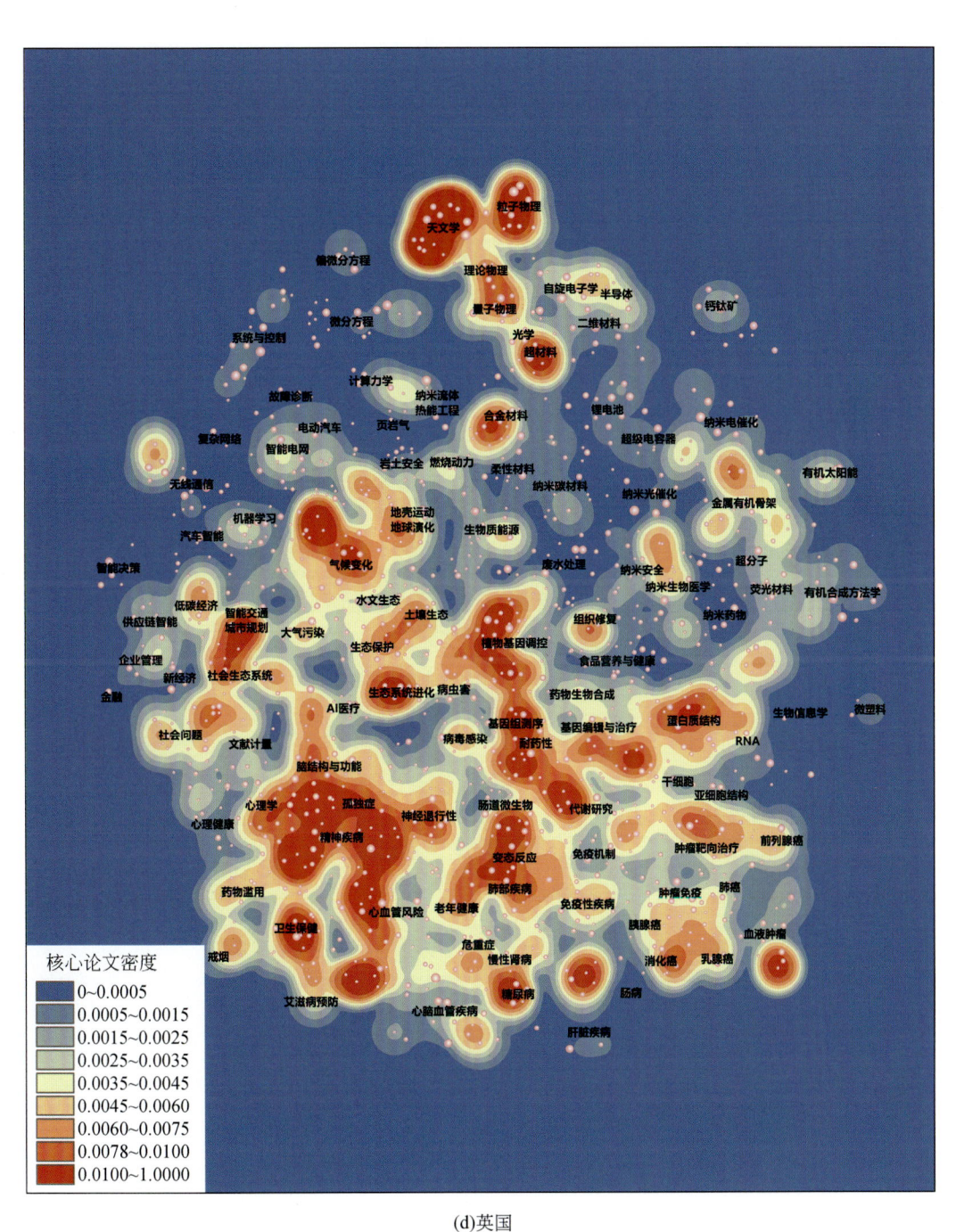

(e)日本

图 7-3　政府资助的核心论文在科学结构图谱 2014~2019 上的分布（续）

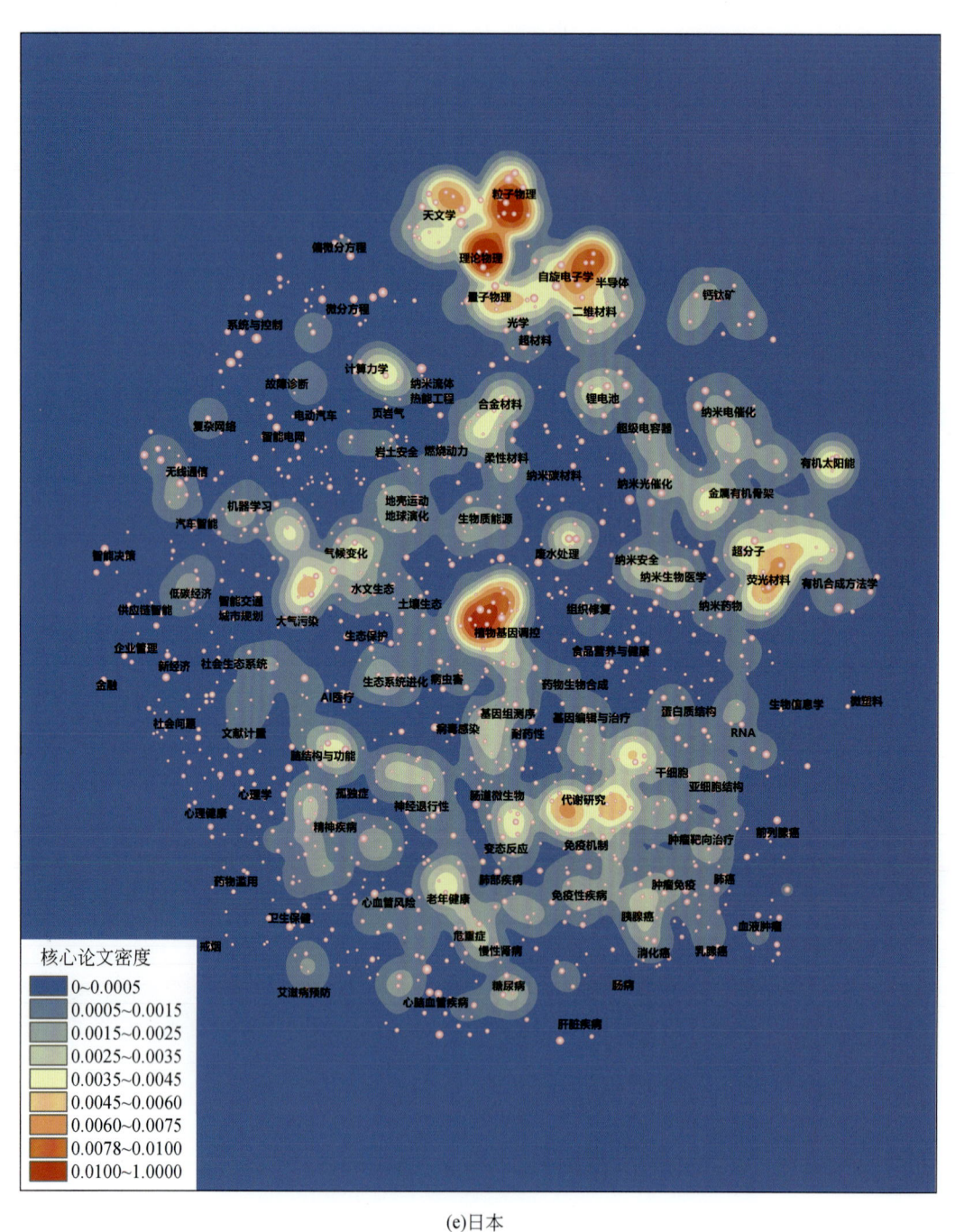

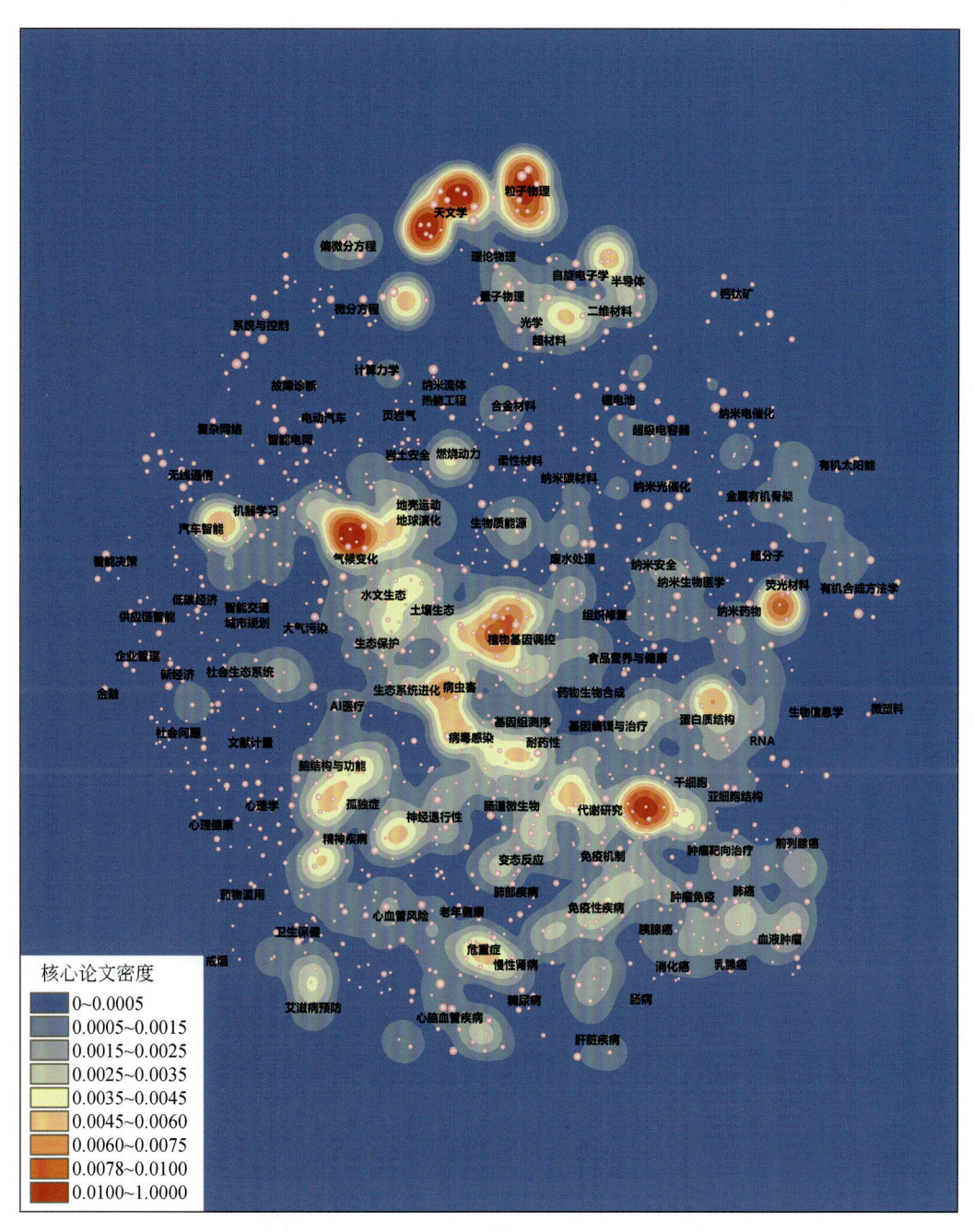

(f)法国

图7-3 政府资助的核心论文在科学结构图谱2014～2019上的分布（续）

二、重要国家政府资助机构资助核心论文分析

中国国家自然科学基金委员会与科技部牵头的国家重点研发计划、美国国家科学

基金会与美国国立卫生研究院、德国科学基金会（DFG）、英国研究理事会（RCUK）、日本学术振兴会（JSPS）与日本科学技术振兴机构（JST）是这些重要国家的主要资助机构。表7-2显示了三个时期这些重要国家中主要政府资助机构设立的科研项目资助发表核心论文情况。五国主要资助机构资助有发文的研究领域数占该国发文研究领域比例相对较高，均超过60%，其中，美国占比最高，但三期占比持续减少，分别为90.6%、88.9%和85.5%；中国三期占比持续升高，分别为75.9%、80.3%和83.8%；英国为72.7%、74.3%和70.7%；德国相对较少，占比为65.5%、74.5%和65.2%；日本与德国基本一致，占比为66.4%、69.5%和66.2%。与2010~2015年相比，2014~2019年除中国外，美、德、英、日四国主要资助机构资助有发文的研究领域数占该国发文研究领域比例均出现了不同程度的减少。与第一期相比，2014~2019年中国增幅超过10%，达到10.3%；而美国降幅最大，降幅为5.6%；英国次之，降幅为2.8；德国和日本降幅均小于1.0%，分别为0.9%和0.3%。

表7-2 三个时期中国及代表性国家政府资助项目的核心论文产出统计

2010~2015年			2012~2017年			2014~2019年		
中国	研究领域数/个	论文数/篇	中国	研究领域数/个	论文数/篇	中国	研究领域数/个	论文数/篇
发表论文	723	7 124	发表论文	842	9 504	发表论文	1 048	14 874
资助	549	5 389	资助	676	7 733	资助	878	12 352
NSFC	486	4 635	NSFC	602	6 586	NSFC	800	10 907
973计划	325	1 641	973计划	364	1 819	国家重点研发计划	528	2 760
NSFC与973计划同时资助	291	1 442	NSFC与973计划同时资助	333	1 626	NSFC与国家重点研发计划同时资助	358	1 156
美国	研究领域数/个	论文数/篇	美国	研究领域数/个	论文数/篇	美国	研究领域数/个	论文数/篇
发表论文	1 051	22 696	发表论文	1 126	23 113	发表论文	1 263	23 129
资助	952	13 274	资助	1 001	13 178	资助	1 080	12 711
NSF	602	4 817	NSF	651	4 733	NSF	673	4 493
NIH	634	6 715	NIH	643	6 520	NIH	664	6 716
NSF与NIH同时资助	262	765	NSF与NIH同时资助	265	743	NSF与NIH同时资助	248	744
德国	研究领域数/个	论文数/篇	德国	研究领域数/个	论文数/篇	德国	研究领域数/个	论文数/篇
发表论文	857	6 333	发表论文	869	6 438	发表论文	955	6 748
资助	564	2 518	资助	647	2 800	资助	623	2 471
DFG	440	1 647	DFG	456	1 640	DFG	477	1 711

续表

2010～2015年			2012～2017年			2014～2019年		
英国	研究领域数/个	论文数/篇	英国	研究领域数/个	论文数/篇	英国	研究领域数/个	论文数/篇
发表论文	901	7 401	发表论文	974	8 066	发表论文	1 070	8 829
资助	655	2 759	资助	724	3 231	资助	756	3 413
RCUK	621	2 346	RCUK	643	2 504	RCUK	682	2 722
日本	研究领域数/个	论文数/篇	日本	研究领域数/个	论文数/篇	日本	研究领域数/个	论文数/篇
发表论文	562	2 281	发表论文	596	2 400	发表论文	639	2 614
资助	373	1 224	资助	414	1 315	资助	423	1 337
JSPS	234	577	JSPS	254	654	JSPS	269	778
JST	108	198	JST	111	205	JST	116	238
JSPS与JST同时资助	45	59	JSPS与JST同时资助	60	80	JSPS与JST同时资助	70	134

注：国家重点研发计划，是由科技部管理的国家重点基础研究发展计划（973计划）、国家高技术研究发展计划（863计划）、国家科技支撑计划等整合形成的

附 录

附录 1　中国、美国高科研活跃度研究领域

附表 1-1　中国科研活跃度排名前 10 的研究领域（含至少 10 个研究前沿）

研究领域 ID	研究领域群	研究领域名称	提取关键研究点 / 关键词	论文份额 /%	总论文数 / 篇
720	岩土安全	矿山粉尘与瓦斯控制	综采工作面抑尘性能、粉尘扩散空气幕抑尘、聚氨酯 / 水玻璃灌浆材料、友好型煤尘抑制剂、高温开采断裂、多相多孔介质模型	98.3	47
1022	纳米碳材料应用	石墨烯基微波吸收材料	增强微波吸收性能、电磁波吸收、还原氧化石墨烯、氮掺杂石墨烯、高压缩性石墨烯泡沫、宽带微波吸收强、随温度变化的微波吸收、调谐微波吸收频率、增强型低频微波	96.4	76
766	系统与控制	传染病动力学模型	非线性发生率、随机 SIRS 传染病模型、全局分析、随机 SIS 传染病模型、随机传染病模型、马尔科夫切换、平稳分布、简单随机恒化器模型、随机生态流行病学模型、空间异质流行病模型	90.3	66
672	有机合成方法学	含硫有机化合物的合成路径和方法	二氧化硫、喹啉氮氧化物、磺酰香豆素、光催化磺酰化、碘催化的区域选择性磺酰化反应、亚硫酸钠、碳硫键形成、区域和立体选择性合成、脱磺酰化	89.8	81
502	系统与控制	动态系统的参数估计与控制设计	参数估计、控制器设计、动态系统、层次识别原理、迭代参数辨识法、牛顿迭代、双线性系统、递阶参数估计、最小方差无偏估计、状态估计	88.4	78

续表

研究领域 ID	研究领域群	研究领域名称	提取关键研究点/关键词	论文份额/%	总论文数/篇
511	岩土安全	岩石时效变形与本构模型	损伤本构模型、低黏土矿物含量、岩爆诱发机制、注浆岩溶陷落柱、真三轴卸荷条件、急倾斜地下煤层、峰后剪切特性、岩石圆锥贯入试验、多煤层开采、失效力学行为	86.5	43
386	系统与控制	自适应控制	自适应最优控制、自适应模糊控制、自适应动态规划、自适应神经网络控制、自适应滑模控制、自适应神经跟踪控制、动态学习、非线性系统、盲区输入非线性、非严格反馈随机非线性	85.4	99
911	生物信息学方法	计算机生物信息学方法对生物学过程中顺式及反式作用元件的预测分析	核苷酸序列特征、蛋白作用位点、疾病相关性、蛋白结构预测、表观遗传修饰位点、RNA 结构	84.2	42
997	纳米生物医学	发光碳点（石墨烯量子点、碳纳米点和聚合物点）的合成及在生物医学领域的应用	碳点、碳量子点、石墨烯量子点、双光子荧光、光致发光机理、全色发射调谐、红色发射碳点、光致发光可调谐碳纳米点、荧光传感器、可调谐固态荧光	83.7	60
761	微分方程	非线性偏微分方程的解析性质与应用	达布变换、块状解决方案、相互作用、孤立波、广田双线性形式、薛定谔方程、逆散射变换、呼吸波	83.6	197

附表 1-2　中国科研活跃度排名前 10 的研究领域（含少于 10 个研究前沿）

研究领域 ID	研究领域群	研究领域名称	提取关键研究点/关键词	论文份额/%	总论文数/篇
1003	废水处理	污染湿地土壤的修复	污染湿地土壤、土壤修复、芬顿法、铅和镉固定化、可见光降解、微生物群落、活性生物炭添加、高效光催化活性、土壤改良剂	100.0	24
1052	—	水力发电系统优化调度与故障容错控制	弹性多尺度协调控制、大型水电系统、调峰运行、区域电网缺乏、人工神经网络、柔性水电能源	100.0	5
1060	岩土安全	提升低阶煤表面吸附性方法	低煤阶煤面、细低阶煤、非离子表面活性剂、褐煤、浮选反应、分子动力学模拟	100.0	5
1325	RNA	长非编码 RNA 在癌症领域的作用机制	长非编码 RNA、癌症、肿瘤、表观遗传、RNA 表达调控癌细胞增殖、迁移和侵袭、预后不良	100.0	7
939	超级电容器	生物质多孔炭作为超级电容器的高性能电极材料	高容量超级电容器、多孔层积碳、二维多孔碳、分层纳米空间约束策略、比表面积大、三维互连石墨烯纳米胶囊、杂原子掺杂碳超级电容器电极材料	98.3	12

研究领域 ID	研究领域群	研究领域名称	提取关键研究点/关键词	论文份额 /%	总论文数/篇
247	—	纳米材料在光催化和传感中的应用与研究	增强光催化活性、金纳米盘阵列、宽带太阳能吸收器、表面无序工程、等离激元传感器、纳米复合材料、相变热能储存、光致发光特性、异质结光催化剂、染料降解液流电池、可调谐超材料完美吸收体	96.9	54
1188	能源互联网	灰色系统理论在能源产出与经济分析中的应用	日太阳总辐射、动态背景值系数、基于温度的经验模型、日照时间、灰色决策分析方、日参考蒸发量	96.8	19
736	微分方程	非线性动力系统稳定性与振荡分析	时变时滞系统、振荡系统、有限时间稳定性、时滞微分方程、分岔理论、全局稳定性、三角配置法、指数稳定性、奇异时滞系统	95.4	40
1066	—	排放治理与深度净化技术	烟气、元素汞、催化氧化去除工艺、经济高效的复合氧化剂、氧非热等离子体、锰铈混合氧化物、热共激活	94.2	23
1233	纳米催化剂	纳米级过氧化物酶模拟物	过氧化物酶模拟物、纳米酶、二氧化锰纳米片作为模拟氧化酶、Co_3O_4-蒙脱土纳米复合材料、H_2O_2比色检测、谷胱甘肽检测、肿瘤催化治疗	92.8	24

附表 1-3　美国科研活跃度排名前 10 的研究领域（含至少 10 个研究前沿）

研究领域 ID	研究领域群	研究领域名称	提取关键研究点/关键词	论文份额 /%	总论文数/篇
478	药物滥用	阿片类药物的临床评价与报告	阿片类药物、芬太尼、海洛因、丁丙诺啡、用药过量、纳洛酮、新生儿禁欲综合征	86.4	89
540	心理学	种族、社会经济地位多样性下的民族歧视及其对社会凝聚力和社会信任的影响分析	社会凝聚力、方法论多元化、学校隔离、文化过程、因果途径、学术优势、经济成果、民族多样性	79.0	32
811	血液肿瘤	恶性血液系统疾病化疗与免疫治疗	急性髓细胞性白血病、急性淋巴细胞白血病、低强度化疗、奥英妥珠单抗、惰性 B 细胞恶性肿瘤、难治性慢性淋巴细胞白血病、CRISPR-Cas9 增强肿瘤排斥反应、难治性 B 细胞淋巴瘤、复发性胶质母细胞瘤、靶向 CD19 CAR-T 细胞治疗	79.0	83
463	心理学	儿童和青少年暴力、虐待及性侵暴露的研究与干预	性暴力犯罪、军事性创伤、青少年约会暴力、性侵犯罪受害、国家描述性肖像、儿童性虐待	78.8	33
460	基因编辑与治疗	CRISPR-Cas9 基因敲除筛选体系	必需基因、人类基因组、基因型特异性癌症、药物敏感性预测算法、登革热病毒依赖因子、信号肽处理途径、基因组尺度 CRISPR 筛选	75.4	61

续表

研究领域ID	研究领域群	研究领域名称	提取关键研究点/关键词	论文份额/%	总论文数/篇
230	社会问题研究	财富收入差异	财务素养、劳动份额、信息通信技术技能需求两极分化、最低工资、财务幸福感、居住环境事项、财富收入比率、工资不平等	75.4	36
379	金融	系统性风险与金融政策	系统性风险、金融网络、预测股市波动、信贷市场混乱、资产定价含义、政府经济政策、财政波动冲击、外汇市场	73.5	69
600	脑结构与功能	神经环路调控与行为表现的关联	光遗传学调控、突触塑性、神经回路分析、认知与记忆、抑制性神经元网络、突触标记技术、情感与奖赏、脑电活动模式、行为调控与神经活动	72.7	123
360	戒烟	电子烟与传统烟草产品的流行病学与健康影响对比研究	电子烟、戒烟、系统评价、横断面研究、高中生、青年人、烟草加热系统	70.0	133
304	免疫性疾病	HIV潜伏感染与持续复制机制的研究	HIV潜伏感染、抗逆转录病毒治疗、CD4+T细胞、T细胞耗竭、免疫逃逸、HIV-1、HIV感染的持续性	68.9	47

附表1-4　美国科研活跃度排名前10的研究领域（含少于10个研究前沿）

研究领域ID	研究领域群	研究领域名称	提取关键研究点/关键词	论文份额/%	总论文数/篇
794	神经递质同步释放	神经递质自发释放的分子机制研究	神经递质自发释放、突触囊泡释放、突触囊泡融合、动作电位、Ca^{2+}流、钙传感器	100.0	6
936	—	美国的司法解读与监督研究	移民法、党派联邦主义、失落的世界、行政法、巡回法庭、尊重司法、行政解释、美国	100.0	8
1202	脂代谢	鞘脂代谢通路在疾病中的作用机制	鞘脂代谢、溶血磷脂酸及受体、免疫和神经系统调节、慢性炎症、药物靶点、癌症治疗	100.0	7
1276	卫生服务保健	电子健康记录在医患互动中的作用研究	电子健康档案、系统评价、病人参与度、健康信息交流、标准、HITECH法案	100.0	12
528	卫生服务保健	医疗费用支付模式的临床与经济效果研究	医院再住院减少计划、责任制医疗组织、医院再住院率、30天医院复诊、系统评价	99.6	30
691	心理学	枪击事件的社会报道、家庭枪支存储与涉枪暴力事件发生的流行病学研究	精神疾病、暴力死亡率、枪支伤害、枪支暴力、流行病学研究	97.8	9
845	气候变化	夜间大气对流和风预报的观测与改进	夜间对流、重力波、地面移动平台、南部大平原、风预报、观测场运动、被动剖面、边界层、大气孔	97.7	6

续表

研究领域 ID	研究领域群	研究领域名称	提取关键研究点/关键词	论文份额/%	总论文数/篇
523	AI 医疗	大数据与保健	电子健康记录数据、大数据、风险预测模型、人口健康研究、电子健康档案、公共卫生监督、促进公共卫生、深度学习模式、健康相关质量、保健	94.4	22
842	—	防止医院感染的控制策略	急症护理医院、预防艰难梭菌感染、预防医疗相关感染、美国医院、医疗保健组织、血液感染、急症护理	94.0	15
174	医学	光生物调节机制与基底细胞癌研究	低强度光疗、基底细胞癌流行病学、线粒体氧化还原信号、拟议机制、组织学亚型、疾病关联	93.8	4

附录 2　中国、美国论文份额排名前 10 学科交叉研究领域

附表 2-1　中国论文份额排名前 10 学科交叉研究领域（至少包含 30 篇核心论文）

研究领域 ID	研究领域群	研究领域名称	提取关键研究点/关键词	论文份额/%	总论文数/篇
720	岩土安全	矿山粉尘与瓦斯控制	综采工作面抑尘性能、粉尘扩散空气幕抑尘、聚氨酯/水玻璃灌浆材料、友好型煤尘抑制剂、高温开采断裂、多相多孔介质模型	98.3	47
247	—	纳米材料在光催化和传感中的应用与研究	增强光催化活性、金纳米盘阵列、宽带太阳能吸收器、表面无序工程、等离激元传感器、纳米复合材料、相变热能储存、光致发光特性、异质结光催化剂、染料降解	96.9	54
1022	纳米碳材料应用	石墨烯基微波吸收材料	增强微波吸收性能、电磁波吸收、还原氧化石墨烯、氮掺杂石墨烯、高压缩性石墨烯泡沫、宽带微波吸收强、随温度变化的微波吸收、调谐微波吸收频率、增强型低频微波	96.4	76
502	系统与控制	系统辨识与参数估计	参数估计、层次识别原理、Hammerstein 非线性系统、迭代参数辨识法、基于滤波的迭代辨识、双线性系统、递阶参数估计、动态响应测量数据、最小方差无偏估计、状态估计	88.3	78
1126	—	纳米材料水净化	协同效应、改进的自适应 PSO 算法、多目标优化、一种新的协同优化算法、高效油水分离、氧化石墨烯复合膜	84.6	63
911	生物信息学方法	计算机生物信息学方法对生物学过程中顺式及反式作用元件的预测分析	核苷酸序列特征、蛋白作用位点、疾病相关性、蛋白结构预测、表观遗传修饰位点、RNA 结构	84.0	42

续表

研究领域 ID	研究领域群	研究领域名称	提取关键研究点/关键词	论文份额/%	总论文数/篇
997	纳米生物医学	发光碳点（石墨烯量子点、碳纳米点和聚合物点）的合成及在生物医学领域的应用	碳点、碳量子点、石墨烯量子点、双光子荧光、光致发光机理、全色发射调谐、红色发射碳点、光致发光可调谐碳纳米点、荧光传感器、可调谐固态荧光	83.7	60
1049	废水处理	放射性污染水处理和环境修复材料合成及应用	高性能吸附剂、高效铀捕集、放射性核素的高效吸附剂、高效铀去除和铀回收、石墨烯复合材料、高效除铀剂、金属有机骨架材料、铀污染水处理和环境修复材料、三维层状双氢氧化物/石墨烯杂化材料、碳纳米管复合材料	81.9	48
80	纳米光催化	可见光光催化析氢催化剂的制备及性质	可见光照射、高效光催化析氢、可见光催化活性、简便合成法、CdS-MoS$_2$ 纳米晶、协同光催化制氢、g-C$_3$N$_4$、增强可见光活性、三元 CdS/g-C$_3$N$_4$/cus 纳米复合材料、银改性 g-C$_3$N$_4$	81.3	125
657	智能决策与应用	证据理论在不确定性建模与信息融合中的应用	人因可靠性分析、D-S 证据理论、依赖性证据组合、信念函数理论、关键成功因素、依赖性评估、多传感器数据融合、信念熵、进化博弈论	80.6	64

附表 2-2　美国论文份额排名前 10 学科交叉研究领域（至少包含 30 篇核心论文）

研究领域 ID	研究领域群	研究领域名称	提取关键研究点/关键词	论文份额/%	总论文数/篇
478	药物滥用	阿片类药物的临床评价与报告	阿片类药物、芬太尼、海洛因、丁丙诺啡、用药过量、纳洛酮、新生儿禁欲综合征	86.4	89
1034	—	水力压裂和非常规油气开发对水资源和公众健康的影响评估	水力压裂、非常规页岩气开发、潜在的公共健康危害、非常规天然气开发、水力压裂返排水、地下水污染、马塞勒斯页岩气开发、非常规油气开发、逃逸气体污染、压裂液	74.8	31
304	免疫性疾病	HIV 潜伏感染与持续复制机制的研究	HIV 潜伏感染、抗逆转录病毒治疗、CD4+T 细胞、T 细胞耗竭、免疫逃逸、HIV-1、HIV 感染的持续性	68.9	47
984	—	鸢尾素和 FGF21 对棕色脂肪功能的临床研究	全身能量平衡、肥胖相关代谢疾病、棕色脂肪功能、胰岛素抵抗状态、内源性哺乳动物脂质、抗炎作用	68.7	30
484	天文学	"好奇"号（Curiosity）等对火星地质、宜居性、气候的研究	火星盖尔环形山、火星黄刀湾地区、火星表面辐射环境测量、沉积岩、宜居河湖环境、"好奇"号（Curiosity）火星车、"火星大气与挥发物演化"（MAVEN）轨道器、火星与太阳风相互作用、地下冰盖、水合盐	68.3	30
856	柔性材料与器件	软体机器人及 4D 打印	形状记忆合金研究、4D 打印、可裁剪形状记忆聚合物、软网络复合材料、形状规划聚合物板、柔性电子器件、可重入折纸超材料	67.4	58

续表

研究领域 ID	研究领域群	研究领域名称	提取关键研究点 / 关键词	论文份额 /%	总论文数 / 篇
974	肿瘤基因突变与靶向治疗	PROTAC 介导的降解技术研发肿瘤药物	靶向蛋白质降解、去势抗性前列腺癌、BET 溴代蛋白、PROTAC 介导的降解、利奈唑胺引起选择性降解、体内靶蛋白降解	66.3	67
255	心理健康	性取向、种族偏见和健康	隐性种族偏见、少数民族人口、少数民族压力、医疗保健专业人员、少数性个体、健康风险因素、积极健康的组织、解决健康差异、定量心理学研究、健康不平等模型	65.9	34
880	肠道微生物	饮食对肠道微生物的影响	饮食对肠道菌群的影响、全身低度炎症、非酒精性脂肪性肝病、肠道细菌酪氨酸脱羧酶、三甲胺氮氧化物代谢、短链脂肪酸、致动脉粥样硬化肠道微生物、正向化学遗传筛选、酒精性肝病、饮食性肥胖、低碳水化合物饮食	63.6	33
472	心理学	学校、家庭、社会等外界环境对青少年成长的作用和对社会发展的影响研究	基于正念的善良课程、特质情商研究、结构方程建模方法、父母风格、长期社会化结果、合同作弊、教师职业幸福感	63.6	88

附录3　中国、美国论文份额排名前10新兴热点研究领域

附表 3-1　中国论文份额排名前 10 新兴热点研究领域（至少包含 7 篇核心论文）

研究领域 ID	研究领域群	研究领域名称	提取关键研究点 / 关键词	论文份额 /%	总论文数 / 篇
1003	生物数学	污染湿地土壤的修复	污染湿地土壤、土壤修复、芬顿法、铅和镉固定化、可见光降解、微生物群落、活性生物炭添加、高效光催化活性、土壤改良剂	100.0	24
1325	RNA	长非编码 RNA 在癌症领域的作用机制	长非编码 RNA、癌症、肿瘤、表观遗传、RNA 表达调控癌细胞增殖、迁移和侵袭、预后不良	100.0	7
720	岩土安全	矿山粉尘与瓦斯控制	综采工作面抑尘性能、粉尘扩散空气幕抑尘、聚氨酯 / 水玻璃灌浆材料、友好型煤尘抑制剂、高温开采断裂、多相多孔介质模型	98.3	47
247	—	纳米材料在光催化和传感中的应用与研究	增强光催化活性、金纳米盘阵列、宽带太阳能吸收器、表面无序工程、等离激元传感器、纳米复合材料、相变热能储存、光致发光特性、异质结光催化剂、染料降解	96.9	54
1188	能源互联网	灰色系统理论在能源产出与经济分析中的应用	日太阳总辐射、动态背景值系数、基于温度的经验模型、日照时间、灰色决策分析方、日参考蒸发量	96.8	19
1066	—	排放治理与深度净化技术	烟气、元素汞、催化氧化去除工艺、经济高效的复合氧化剂、氧非热等离子体、锰铈混合氧化物、热共活化	94.3	23

续表

研究领域ID	研究领域群	研究领域名称	提取关键研究点/关键词	论文份额/%	总论文数/篇
962	系统与控制	捕食者-猎物系统动力学及分叉分析	稳定性、分岔分析、非线性米凯利-曼顿捕食者捕获系统、单反馈控制变量、时滞扩散捕食者-猎物模型、非局部捕食竞争、分叉分析、图灵模式	92.2	9
260	纳米流体与热能工程	多孔纤维材料的分形结构及其性能优化	高温导热系数、多级存储设备应用、建筑、多孔纤维材料、微观结构演化效应、聚合物复合膜、碳复合纳米纤维	91.8	11
647	—	超临界的二氧化碳在增强型地热系统中的流动传热规律	地热系统、地热能开采、多点注射技术、有机纳米孔、重油回收、井筒热效率、流动模拟	89.5	19
1126	—	纳米材料水净化	协同效应、改进的自适应PSO算法、多目标优化、一种新的协同优化算法、高效油水分离、氧化石墨烯复合膜	84.6	63

附表3-2　美国论文份额排名前10新兴热点研究领域（至少包含7篇核心论文）

研究领域ID	研究领域群	研究领域名称	提取关键研究点/关键词	论文份额/%	总论文数/篇
395	肿瘤基因突变与靶向治疗	人类太空飞行对生理和T细胞功能的影响	长达一年的人类太空飞行、加强过继性癌症免疫治疗、美国国家宇航局双胞胎研究、T细胞干性、颅内液再分配、国际空间站	78.6	7
797	柔性材料与器件	外骨骼机器人设计与动力学分析	电动下肢矫形器、下肢机器人外骨骼、全身肌肉骨骼模型、索带式多关节软外套、肌肉驱动模拟、无动力外骨骼、迈德沃克外骨骼、外骨骼辅助、髋关节辅助、软外套	73.0	10
1229	—	单细胞质谱分析技术的进展及应用	单细胞分析、质谱分析、代谢组学、微流控技术、单个癌细胞分析	71.4	7
880	肠道微生物	饮食对肠道微生物的影响	饮食对肠道菌群的影响、全身低度炎症、非酒精性脂肪性肝病、肠道细菌酪氨酸脱羧酶、三甲胺氮氧化物代谢、短链脂肪酸、致动脉粥样硬化肠道微生物、正向化学遗传筛选、酒精性肝病、饮食性肥胖、低碳水化合物饮食	63.6	33
1102	染色质重塑	染色质重塑调节机制研究	核小体结构、组蛋白八聚体重排、甲基转移酶、组蛋白泛素化、染色质重塑、核小体稳定性、表观遗传	61.1	9
1343	生物信息数据库	生物信息数据库的管理和应用	Pfam蛋白家族数据库、虚拟代谢人体数据库、小鼠基因组数据库、病毒基因组、数据管理、生物技术信息	60.9	11
870	心理健康	移民政策对移民健康的影响	移民政策、全球移民健康研究、心理健康发病率、全球研究趋势、国家级移民、健康后果、移民计划、变性健康、移民健康	59.2	13

续表

研究领域ID	研究领域群	研究领域名称	提取关键研究点/关键词	论文份额/%	总论文数/篇
185	气候变化	全球表面飓风、洋流和海浪的综合观测	热带气旋、海洋风卫星探测、飓风探测、热带对流、北冰洋未来适航性、全球表面风观测、全球洋流探测、海浪探测、卫星探测任务、跨大西洋航线可行性	59.1	11
286	脑结构与功能	婴儿大脑对触摸的反应研究、通过影像学对大脑结构和生理进行研究	情感性触摸、婴儿大脑、幼年、青少年脑认知研究、婴儿大脑的反应、脑磁图研究、成像获取、频率响应、脑电生理学	54.4	16
96	抗生素耐药性	公共卫生医疗领域中抗生素耐药性研究	广谱抗生素、免疫反应与病原机制、药物复用、金属酶抑制剂、抗生素联合应用	52.7	11